JN412174

안전공학과 | 산업안전관리자 | 자체감사과정수료자 | 관리감독자

공정안전보고서(PSM) 자체감사실무

| 강양현 차유미 박정남 하대일 공저 |

Process safety Management

지우북스

안전관리헌장

오늘날 우리는 태풍 · 지진 · 화재 · 교통사고 · 전염병 등 갖가지 예측하기 어려운 재난으로부터 안전을 위협받고 있다.

재난은 언제 어디서나 일어날 수 있다는 것을 깊이 인식하고, 국민의 생명과 재산을 보호하기 위해 정부와 기관 · 단체 그리고 학교와 기업은 안전관리에 앞장서 노력하여야 하며, 국민 모두는 스스로 참여하고 협력하여야 한다.

우리의 번영은 안전문화의 터전 위에서 이루어지며, 안전을 위한 노력과 투자는 우리와 후손의 행복을 위한 것이다. 이에 우리는 안전한 국가를 지향하는 새로운 가치관을 정립하고 성실한 실천을 다짐한다.

Ⅰ. 국가, 지방자치단체, 공공기관 · 단체, 기업 그리고 국민은 모든 일에서 안전을 최우선으로 고려한다.

Ⅰ. 가정, 학교, 직장 그리고 사회의 각 분야에서 교육과 홍보를 통하여 안전관리를 생활화하도록 한다.

Ⅰ. 위험에 대한 정보를 신속하고 정확하게 제공하여 미리 안전을 확보할 수 있도록 한다.

Ⅰ. 국가기반체계는 각종 재난으로부터 안전하게 보호되어야 한다.

Ⅰ. 생활주변 시설과 사업장 그리고 위험지역은 안전하게 관리되어야 한다.

Ⅰ. 자원봉사기관, 자원봉사자, 시민단체 그리고 전문가의 협력을 통하여 안전관리의 효율을 높인다.

Ⅰ. 과학적 안전관리를 위한 연구에 힘쓰고 안전산업을 육성한다.

머 리 말

산업재해와 관련된 통계에 의하면 매일 산업재해로 5명 정도 사망하는 것으로 나타나고 있다. OECD 국가에서 한국이 가장 높은 사망만인율을 기록하고 있다. 이러한 결과는 개인은 물론 가족과 사회 그리고 국가에 엄청난 비극을 초래하고 있는 것이다. 따라서 사고의 예방은 개인, 사회 및 국가적 차원에서 실시되어야 할 아주 중요한 과제이다.

최근에 소규모 사업장은 물론 대규모 사업장에서도 사고가 자주 발생하여 외국의 시각에서는 국내의 안전관리 수준이 낮다는 평가를 받고 있는 실정이다. 특히, 중대산업사고가 발생하는 경우 다수의 사상자와 큰 국가적 손실을 초래하게 된다. 공정안전보고서(PSM) 제출대상은 업종별 또는 물질별로 법으로 정해져 있으며 사업장에서는 보고서에서 규정되어 있는 PSM에 관한 자체감사를 수행하여야 한다.

따라서 이 책은 PSM 자체감사를 수행하는데 기본적으로 참고할 수 있도록 내용을 구성하였다. 실제 실행된 내용을 첨부하였으므로 사업장에서는 사업장의 PSM보고서를 기준으로 감사를 진행하면서 이 책을 참고하여 사용한다면 사업장의 부서장 및 안전관리업무 담당자에게 도움이 될 것을 확신한다.

이 책은 PSM규정에 의한 자체감사의 시작부터 종료하는 과정 모두를 단계별로 기술하였기 때문에 자체감사를 처음으로 실행하는 사업장의 안전관리자는 물론 기존에 감사를 진행하던 사업장에서 감사를 진행하는 경우 규정에서 정하는 서류 및 내용에서 누락하는 부분이 발생하지 않도록 각 단계별로 참고하기 바란다.

공동저자로 많은 자료를 아낌없이 제공하고 수고한 PSM분야 및 위험관리 전문가 차유미, 박정남, 하대일 님께 감사를 드리고 아무쪼록 이 책이 모든 사업장에서 산업재해를 예방하는데 도움이 되기를 기대한다.

2018년 6월

대표저자 강 양 현
공학박사
기술사(전기안전/가스/소방)

이 책의 특징

1. 공정안전보고서의 개요

공정안전보고서는 산업안전보건법에서 정한 법적 의무사항으로 사업장의 종류별 또는 일정량 이상의 위험물질을 사용하는 경우에 PSM 보고서를 작성하여 유지할 책임이 있다. 주된 내용으로 보통 12대 요소라 불려지는 12가지의 항목으로 구성되어 있다. PSM보고서에서 규정한 모든 내용은 준수하여야 하는 의무가 있으며 또한 준수하지 않는 경우 처벌을 받도록 되어있다.

2. 주요구성

PSM보고서의 주요 내용은 다음과 같다. 공정안전자료, 공정위험성평가, 안전운전 지침과 절차, 설비의 점검・검사・보수계획, 유지계획 및 지침, 안전작업허가 및 절차, 도급업체 안전관리, 공정운전에 대한 교육・훈련, 가동전 점검지침, 변경요소 관리계획, 자체감사, 공정사고조사 지침, 비상조치계획으로 구성되어 있다.

3. 자체감사의 이해

자체감사의 목적과 실행방법을 이해하여 연 1회 의무적으로 감사를 실시하여야 하므로 감사의 효과를 극대화할 수 있도록 준비를 확실히 하여야 한다. 효과를 얻기 위해서는 자체감사의 개념에 대하여 확실한 이해가 필요하다. 감사를 실시하기 전에 각 부서장과 감사팀과의 의사소통은 중요한 사항이다. PSM 규정에서 제시한 자체감사의 순서에 따라 반드시 감사를 진행하여야 한다. 감사결과는 보고서로 경영진에게 보고하고 각 해당부서장에게 시정조치요구서를 발급한다. 각 부서장은 조치계획서를 작성하여 감사팀에 제출한다. 시종조치가 완료된 경우 조치완료서를 발급하고 변경관리가 필요한 경우 변경관리절차서의 규정에 따라 변경관리를 실시한다. 모든 사항은 전 조직원에게 교육을 실시하고 실행한다.

4. 자체감사의 실행지원 및 지적사항 발견사례

다른 업무의 중복으로 자체감사를 수행하기 어려운 경우에도 쉽게 자체감사를 실행 할 수 있도록 실제 감사보고서를 제공하였고, 감사에서 많이 발견되는 사례들을 추가하여 참고할 수 있게 하였다. 이제 자체감사는 결코 어려운 분야가 아님을 확신하고 정확한 이해로 모든 조직원이 참여하여 감사를 실시할 필요가 있다.

차 례

1 공정안전보고서(PSM)

제 1장에서는 공정안전보고서의 법령 근거를 확인하여 공정안전보고서에 대한 전체적인 관계를 이해하고 필요 시 참고하도록 하였다.

1. 개요

1.1 "공정안전관리(PSM, Process Safety Management)"란 중대산업사고를 야기할 가능성이 있는 공정 · 설비들을 체계적이고 지속적으로 관리하기 위해 사업주가 잠재된 사고의 위험요인을 사전에 발굴 · 제거하여 중대산업사고를 체계적으로 예방하는 제도를 말한다.

1.2 "공정안전관리 사업장"이란 산업안전보건법(이하 "법"이라 한다) 제49조의2에 따른 공정안전보고서를 작성 · 제출한 사업장을 말한다.

1.3 "중대산업사고예방센터(이하 '중방센터'라 한다)"란 법 제49조의2에 따라 중대산업사고를 예방하기 위해 지방고용노동관서(이하 "지방관서"라 한다) 근로감독관과 한국산업안전보건공단(이하 "공단"이라 한다) 직원으로 구성된 조직을 말하며, 「화학재난 합동방재센터의 설치 및 운영에 관한 규정」(고용노동부훈령 제106호, 이하 "방재센터 운영규정"이라 한다)에서는 "산업안전팀"으로 칭한다.

1.4 "공정안전보고서 자체감사"라 함은 사업장에서 작성한 공정안전보고서 내용을 공정안전보고서의 자체감사 지침에 따라 각 담당 부서에서 성실히 이행하고 있는지 여부를 사업장 스스로 주기적으로 확인하는 것을 말한다.

1.5 그 밖에 이 예규에서 사용하는 용어의 뜻은 이 예규에 특별한 규정이 없으면 법, 「산

업안전보건법 시행령」(이하 "영"이라 한다), 「산업안전보건법 시행규칙」(이하 "규칙"이라 한다), 「산업안전보건기준에 관한 규칙」(이하 "안전보건규칙"이라 한다), 방재센터 운영규정에서 정하는 바에 따른다.

2. 산업안전보건법령과 공정안전보고서

1.1 산업안전보건법

1) 제 4조 : 정부의 책무

정부는 산업재해를 예방하고 쾌적한 작업환경을 조성함으로써 근로자의 안전과 보건을 유지·증진함을 위하여 "사업장에 대한 재해예방 지원 및 지도"를 이행하여야 한다.

2) 제49조의2(공정안전보고서의 제출 등)

① 대통령령으로 정하는 유해·위험설비를 보유한 사업장의 사업주는 그 설비로부터의 위험물질 누출, 화재, 폭발 등으로 인하여 사업장 내의 근로자에게 즉시 피해를 주거나 사업장 인근지역에 피해를 줄 수 있는 사고로서 대통령령으로 정하는 사고(이하 이 조에서 "중대산업사고"라 한다)를 예방하기 위하여 대통령령으로 정하는 바에 따라 공정안전보고서를 작성하여 고용노동부장관에게 제출하여 심사를 받아야 한다. 이 경우 공정안전보고서의 내용이 중대산업사고를 예방하기 위하여 적합하다고 통보받기 전에는 관련 설비를 가동하여서는 아니 된다.

② 사업주는 공정안전보고서를 작성할 때에는 산업안전보건위원회의 심의를 거쳐야 한다. 다만, 산업안전보건위원회가 설치되어 있지 아니한 사업장의 경우에는 근로자대표의 의견을 들어야 한다.

③ 고용노동부장관은 제출받은 공정안전보고서를 고용노동부령으로 정하는 바에 따라 심사하여야 하며, 근로자의 안전 및 보건의 유지·증진을 위하여 필요하다고 인정하는 경우에는 그 공정안전보고서의 변경을 명할 수 있다.

④ 고용노동부장관은 제출받은 공정안전보고서를 심사한 결과 그 내용이 중대산업사고를 예방하기 위하여 적합하다고 인정하는 경우 사업주에게 그 결과를 서면으로 통보하여야 한다.

⑤ 사업주는 공정안전보고서의 심사 결과를 통보받으면 그 공정안전보고서를 사업장에 갖추어두어야 한다.

⑥ 사업주는 고용노동부령으로 정하는 바에 따라 공정안전보고서 내용의 실제 이행 여부에 대한 고용노동부장관의 확인을 받아야 한다.

⑦ 사업주와 근로자는 공정안전보고서의 내용을 지켜야 한다.

⑧ 사업주는 사업장에 갖춰둔 공정안전보고서의 내용을 변경하여야 할 사유가 발생한 경우에는 지체 없이 이를 보완하여야 한다.

⑨ 고용노동부장관은 고용노동부령으로 정하는 바에 따라 공정안전보고서의 이행 상태를 정기적으로 평가할 수 있다.

⑩ 고용노동부장관은 공정안전보고서의 이행 상태를 평가한 결과, 보완 상태가 불량한 사업장의 사업주에게는 공정안전보고서를 다시 제출하도록 명할 수 있다.

1.2 산업안전보건법 시행령

1) 제33조의6(공정안전보고서의 제출 대상)

① 법 제49조의2제1항 전단에서 "대통령령으로 정하는 유해 · 위험설비"란 다음 각 호의 어느 하나에 해당하는 사업을 하는 사업장의 경우에는 그 보유설비를 말하고, 그 외의 사업을 하는 사업장의 경우에는 별표 10에 따른 유해 · 위험물질 중 하나 이상을 같은 표에 따른 규정량 이상 제조 · 취급 · 저장하는 설비 및 그 설비의 운영과 관련된 모든 공정설비를 말한다.

가. 원유 정제처리업

나. 기타 석유정제물 재처리업

다. 석유화학계 기초화학물질 제조업 또는 합성수지 및 기타 플라스틱물질 제조업. 다만, 합성수지 및 기타 플라스틱물질 제조업은 별표 10의 제1호 또는 제2호에 해당하는 경우로 한정한다.

라. 질소, 인산 및 칼리질 비료 제조업(인산 및 칼리질 비료 제조업에 해당하는 경우에는 제외한다)

마. 복합비료 제조업(단순혼합 또는 배합에 의한 경우에는 제외한다)

바. 농약 제조업(원제 제조만 해당한다)

사. 화약 및 불꽃제품 제조업

② 법 제49조의2제1항에서 "대통령령으로 정하는 사고"란 다음 각 호의 어느 하나에 해

당하는 사고를 말한다.

가. 근로자가 사망하거나 부상을 입을 수 있는 제1항에 따른 설비(제2항에 따른 설비는 제외한다. 이하 제2호에서 같다)에서의 누출 · 화재 · 폭발 사고

나. 인근 지역의 주민이 인적 피해를 입을 수 있는 제1항에 따른 설비에서의 누출 · 화재 · 폭발 사고

2) 제33조의7(공정안전보고서의 내용)

법 제49조의2에 따른 공정안전보고서에는 다음 각 호의 사항이 포함되어야 한다.

① 공정안전자료

② 공정위험성 평가서

③ 안전운전계획

④ 비상조치계획

⑤ 그 밖에 공정상의 안전과 관련하여 고용노동부장관이 필요하다고 인정하여 고시하는 사항

3) 제33조의8(공정안전보고서의 제출)

① 사업주는 제33조의6에 따른 유해 · 위험설비를 설치(기존 설비의 제조 · 취급 · 저장 물질이 변경되거나 제조량 · 취급량 · 저장량이 증가하여 별표 10에 따른 유해 · 위험물질 규정량에 해당하게 된 경우를 포함한다) · 이전하거나 고용노동부장관이 정하는 주요 구조부분을 변경할 때에는 고용노동부령으로 정하는 바에 따라 법 제49조의2제1항에 따른 공정안전보고서를 작성하여 고용노동부장관에게 제출하여야 한다. 이 경우 「화학물질관리법」에 따라 사업주가 제출하여야 하는 같은 법 제23조에 따른 유해화학물질 화학사고 장외영향평가서(이하 이 항에서 "장외영향평가서"라 한다) 또는 같은 법 제41조에 따른 위해관리계획서(이하 이 항에서 "위해관리계획서"라 한다)의 내용이 제33조의7에 따라 공정안전보고서에 포함시켜야 할 사항에 해당하는 경우에는 그 해당 부분에 대해서 장외영향평가서 또는 위해관리계획서 사본의 제출로 갈음할 수 있다.

② 제1항의 경우에 제출하여야 할 공정안전보고서가 「고압가스 안전관리법」 제2조에 따른 고압가스를 사용하는 단위공정 설비에 관한 것인 경우로서 해당 사업주가 같은 법 제11조에 따른 안전관리규정과 같은 법 제13조의2에 따른 안전성향상계획을 작성하여 공단 및 같은 법 제28조에 따른 한국가스안전공사가 공동으로 검토 · 작성한 의견서를 첨부하여 허가 관청에 제출한 경우에는 해당 단위공정 설비에 관한 공정안전

보고서를 제출한 것으로 본다.

4) 시행령 [별표 10] : 유해 · 위험물질 규정량(제33조의6제1항 관련)

번호	유해 · 위험물질	규정량(kg)
1	인화성 가스	제조 · 취급 : 5,000(저장: 200,000)
2	인화성 액체	제조 · 취급 : 5,000(저장: 200,000)
3	메틸 이소시아네이트	제조 · 취급 · 저장 : 150
4	포스겐	제조 · 취급 · 저장 : 750
5	아크릴로니트릴	제조 · 취급 · 저장 : 20,000
6	암모니아	제조 · 취급 · 저장 : 200,000
7	염소	제조 · 취급 · 저장 : 20,000
8	이산화황	제조 · 취급 · 저장 : 250,000
9	삼산화황	제조 · 취급 · 저장 : 75,000
10	이황화탄소	제조 · 취급 · 저장 : 5,000
11	시안화수소	제조 · 취급 · 저장 : 1,000
12	불화수소(무수불산)	제조 · 취급 · 저장 : 1,000
13	염화수소(무수염산)	제조 · 취급 · 저장 : 20,000
14	황화수소	제조 · 취급 · 저장 : 1,000
15	질산암모늄	제조 · 취급 · 저장 : 500,000
16	니트로글리세린	제조 · 취급 · 저장 : 10,000
17	트리니트로톨루엔	제조 · 취급 · 저장 : 50,000
18	수소	제조 · 취급 · 저장 : 50,000
19	산화에틸렌	제조 · 취급 · 저장 : 10,000
20	포스핀	제조 · 취급 · 저장 : 50
21	실란(Silane)	제조 · 취급 · 저장 : 50
22	질산(중량 94.5% 이상)	제조 · 취급 · 저장 : 250
23	발연황산(삼산화황 중량 65% 이상 80% 미만)	제조 · 취급 · 저장 : 500,000
24	과산화수소(중량 52% 이상)	제조 · 취급 · 저장 : 3,500
25	톨루엔디이소시아네이트	제조 · 취급 · 저장 : 100,000
26	클로로술폰산	제조 · 취급 · 저장 : 500,000
27	브롬화수소	제조 · 취급 · 저장 : 2,500
28	삼염화인	제조 · 취급 · 저장 : 750,000
29	염화 벤질	제조 · 취급 · 저장 : 750,000
30	이산화염소	제조 · 취급 · 저장 : 500
31	염화 티오닐	제조 · 취급 · 저장 : 150
32	브롬	제조 · 취급 · 저장 : 100,000
33	일산화질소	제조 · 취급 · 저장 : 1,000
34	붕소 트리염화물	제조 · 취급 · 저장 : 1,500
35	메틸에틸케톤과산화물	제조 · 취급 · 저장 : 2,500
36	삼불화 붕소	제조 · 취급 · 저장 : 150
37	니트로아닐린	제조 · 취급 · 저장 : 2,500

38	염소 트리플루오르화	제조·취급·저장 : 500
39	불소	제조·취급·저장 : 20,000
40	시아누르 플루오르화물	제조·취급·저장 : 50
41	질소 트리플루오르화물	제조·취급·저장 : 2,500
42	니트로 셀롤로오스(질소 함유량 12.6% 이상)	제조·취급·저장 : 100,000
43	과산화벤조일	제조·취급·저장 : 3,500
44	과염소산 암모늄	제조·취급·저장 : 3,500
45	디클로로실란	제조·취급·저장 : 1,500
46	디에틸 알루미늄 염화물	제조·취급·저장 : 2,500
47	디이소프로필 퍼옥시디카보네이트	제조·취급·저장 : 3,500
48	불산(중량 1% 이상)	제조·취급·저장 : 1,000
49	염산(중량 10% 이상)	제조·취급·저장 : 20,000
50	황산(중량 10% 이상)	제조·취급·저장 : 20,000
51	암모니아수(중량 10% 이상)	제조·취급·저장 : 20,000

비고

1. 인화성 가스란 인화한계 농도의 최저한도가 13% 이하 또는 최고한도와 최저한도의 차가 12퍼센트 이상인 것으로서 표준압력(101.3 ㎪) 하의 20℃에서 가스 상태인 물질을 말한다.
2. 인화성 액체란 표준압력(101.3 ㎪) 하에서 인화점이 60℃ 이하이거나 고온·고압의 공정운전조건으로 인하여 화재·폭발위험이 있는 상태에서 취급되는 가연성 물질을 말한다.
3. 인화점의 수치는 타구밀폐식 또는 펜스키말테식 등의 인화점 측정기로 표준압력(101.3 ㎪)에서 측정한 수치 중 작은 수치를 말한다.
4. 유해·위험물질의 규정량이란 제조·취급·저장 설비에서 공정과정 중에 저장되는 양을 포함하여 하루 동안 최대로 제조·취급 또는 저장할 수 있는 양을 말한다.
5. 규정량은 화학물질의 순도 100퍼센트를 기준으로 산출하되, 농도가 규정되어 있는 화학물질은 해당 농도를 기준으로 한다.
6. 사업장에서 다음 각 목의 구분에 따라 해당 유해·위험물질을 그 규정량 이상 제조·취급·저장하는 경우에는 유해·위험설비로 본다.
   가. 한 종류의 유해·위험물질을 제조·취급·저장하는 경우 : 해당 유해·위험물질의 규정량 대비 하루 동안 제조·취급 또는 저장할 수 있는 최대치 중 가장 큰 값($\frac{C}{T}$)이 1 이상인 경우
   나. 두 종류 이상의 유해·위험물질을 제조·취급·저장하는 경우: 유해·위험물질별로 가목에 따른 가장 큰 값($\frac{C}{T}$)을 각각 구하여 합산한 값(R)이 1 이상인 경우로, 그 산식은 다음과 같다.

$$R = \frac{C_1}{T_1} + \frac{C_2}{T_2} + \text{----------} + \frac{C_n}{T_n}$$

주) Cn : 유해·위험물질별(n) 규정량과 비교하여 하루 동안 제조·취급 또는 저장할 수 있는 최대치 중 가장 큰 값

Tn : 유해·위험물질별(n) 규정량

7. 가스를 전문으로 저장·판매하는 시설 내의 가스는 제외한다.

1.3 산업안전보건법 시행규칙

1) 제130조의2(공정안전보고서의 세부 내용 등)

공정안전보고서에 포함하여야 할 세부 내용은 다음 각 호와 같다.

① 공정안전자료

가. 취급 · 저장하고 있거나 취급 · 저장하려는 유해 · 위험물질의 종류 및 수량
나. 유해 · 위험물질에 대한 물질안전보건자료
다. 유해 · 위험설비의 목록 및 사양
라. 유해 · 위험설비의 운전방법을 알 수 있는 공정도면
마. 각종 건물 · 설비의 배치도
바. 폭발위험장소 구분도 및 전기단선도
사. 위험설비의 안전설계 · 제작 및 설치 관련 지침서

② 공정위험성 평가서 및 잠재위험에 대한 사고예방 · 피해 최소화 대책

공정위험성 평가서는 공정의 특성 등을 고려하여 다음 각 목의 위험성평가 기법 중 한 가지 이상을 선정하여 위험성평가를 한 후 그 결과에 따라 작성하여야 하며, 사고예방 · 피해최소화 대책의 작성은 위험성평가 결과 잠재위험이 있다고 인정되는 경우만 해당한다.

가. 체크리스트(Check List)
나. 상대위험순위 결정(Dow and Mond Indices)
다. 작업자 실수 분석(HEA)
라. 사고 예상 질문 분석(What-if)
마. 위험과 운전 분석(HAZOP)
바. 이상위험도 분석(FMECA)
사. 결함 수 분석(FTA)
아. 사건 수 분석(ETA)
자. 원인결과 분석(CCA)
차. 가목부터 자목까지의 규정과 같은 수준 이상의 기술적 평가기법

③ 안전운전계획

가. 안전운전지침서

나. 설비점검 · 검사 및 보수계획, 유지계획 및 지침서
다. 안전작업허가
라. 도급업체 안전관리계획
마. 근로자 등 교육계획
바. 가동 전 점검지침
사. 변경요소 관리계획
아. 자체감사 및 사고조사계획
자. 그 밖에 안전운전에 필요한 사항

④ **비상조치계획**

가. 비상조치를 위한 장비 · 인력보유현황
나. 사고발생 시 각 부서 · 관련 기관과의 비상연락체계
다. 사고발생 시 비상조치를 위한 조직의 임무 및 수행 절차
라. 비상조치계획에 따른 교육계획
마. 주민홍보계획
바. 그 밖에 비상조치 관련 사항

2) 제130조의3(공정안전보고서의 제출 시기)

사업주는 영 제33조의8에 따라 유해 · 위험설비의 설치 · 이전 또는 주요 구조부분의 변경공사의 착공일(기존 설비의 제조 · 취급 · 저장 물질이 변경되거나 제조량·취급량·저장량이 증가하여 영 별표 10에 따른 유해·위험물질 규정량에 해당하게 된 경우에는 그 해당일을 말한다) 30일 전까지 공정안전보고서를 2부 작성하여 공단에 제출하여야 한다.

3) 제130조의4(공정안전보고서의 심사 등)

① 공단은 제130조의3에 따라 공정안전보고서를 제출받은 경우에는 30일 이내에 심사하여 1부를 사업주에게 송부하고, 그 내용을 지방고용노동관서의 장에게 보고하여야 한다.

② 공단은 제1항에 따라 공정안전보고서를 심사한 결과 「위험물안전관리법」에 따른 화재의 예방 · 소방 등과 관련된 부분이 있다고 인정되는 경우에는 그 관련 내용을 관할 소방관서의 장에게 통보하여야 한다.

4) 제130조의5(작성기준 등)

영 제33조의8제1항에 따른 공정안전보고서의 작성기준, 작성자 및 심사기준, 그 밖에 심사에 필요한 사항은 고용노동부장관이 정한다.

5) 제130조의6(확인 등)

① 공정안전보고서를 제출하여 심사를 받은 사업주는 법 제49조의2제6항에 따라 다음 각 호의 시기별로 공단의 확인을 받아야 한다. 다만, 화공안전 분야 산업안전지도사, 대학에서 조교수 이상으로 재직하고 있는 사람으로서 화공 관련 교과를 담당하고 있는 사람, 그 밖에 자격 및 관련 업무 경력 등을 고려하여 고용노동부장관이 정하여 고시하는 요건을 갖춘 사람에게 제130조의2제3호 아목에 따른 자체감사를 하게 하고 그 결과를 공단에 제출한 경우에는 공단은 확인을 생략할 수 있다.

가. 신규로 설치될 유해 · 위험설비에 대해서는 설치 과정 및 설치 완료 후 시운전단계에서 각 1회

나. 기존에 설치되어 사용 중인 유해 · 위험설비에 대해서는 심사 완료 후 3개월 이내

다. 유해 · 위험설비와 관련한 공정의 중대한 변경의 경우에는 변경 완료 후 1개월 이내

라. 유해 · 위험설비 또는 이와 관련된 공정에 중대한 사고 또는 결함이 발생한 경우에는 1개월 이내. 다만, 법 제49조에 따른 안전 · 보건진단을 받은 사업장 등 고용노동부장관이 정하여 고시하는 사업장의 경우에는 확인을 생략할 수 있다.

② 공단은 사업주로부터 확인요청을 받은 날부터 1개월 이내에 제130조의2제1호부터 제4호까지의 내용이 현장과 일치하는지 여부를 확인하고, 확인한 날부터 15일 이내에 그 결과를 사업주에게 통보하고 지방고용노동관서의 장에게 보고하여야 한다.

③ 제1항 및 제2항에 따른 확인의 절차 등에 관하여 필요한 사항은 고용노동부장관이 정하여 고시한다.

6) 제130조의7(공정안전보고서 이행 상태의 평가)

① 법 제49조의2제9항에 따라 고용노동부장관은 같은 조 제6항에 따른 공정안전보고서의 확인(신규로 설치되는 유해·위험설비의 경우에는 설치 완료 후 시운전 단계에서의 확인을 말한다) 후 1년이 경과한 날부터 2년 이내에 공정안전보고서 이행 상태의 평가(이하 "이행상태평가"라 한다)를 하여야 한다.

② 고용노동부장관은 제1항에 따른 이행상태평가 후 4년마다 이행상태평가를 하여야 한

다. 다만, 다음 각 호의 어느 하나에 해당하는 경우에는 1년 또는 2년마다 실시할 수 있다.

가. 이행상태평가 후 사업주가 이행상태평가를 요청하는 경우

나. 법 제51조에 따라 사업장에 출입하여 검사 및 안전·보건점검 등을 실시한 결과 제130조의2제3호 사목에 따른 변경요소 관리계획 미준수로 공정안전보고서 이행상태가 불량한 것으로 인정되는 경우 등 고용노동부장관이 정하여 고시하는 경우

③ 이행상태평가는 제130조의2 각 호에 따른 공정안전보고서의 세부 내용에 관하여 실시한다.

④ 이행상태평가의 방법 등 이행상태평가에 필요한 세부적인 사항은 고용노동부장관이 정한다.

1.4 고용노동부장관의 고시

"공정안전보고서의 제출·심사·확인 및 이행상태평가 등에 관한 규정"고시의 내용은 제3장의 자체감사 실무과정에서 자세하게 설명을 할 것이며, 실질적인 감사실무의 주된 내용을 포함하고 있어 안전공학과 학생 및 안전관리자는 이 내용을 완벽하게 이해하여 공정안전보고서의 실행에 활용하여 100% 공정안전보고서의 실행 및 관리가 되도록 하여야 한다.

2 공정안전보고서 자체감사

1. 개요

자체감사는 이미 공정안전보고서의 적합판정을 받아 사업장에서 생산활동을 진행하는 과정에서 공정을 안전하게 관리하기 위한 조치를 공정안전보고서의 내용대로 실시하고 있는지를 감사하는 의미로써 만약 관련내용과 일치하지 않게 공정을 관리하고 있다면 시정조치 및 개선조치를 명할 수 있는 사항으로 시스템에서 핵심사항이라 할 수 있다.

감사와 관련한 지침에서 정하고 있는 정의는 다음과 같다. "공정안전보고서 자체감사"라 함은 사업장에서 작성한 공정안전보고서 내용을 공정안전보고서의 자체감사 지침에 따라 각 담당 부서에서 성실히 이행하고 있는지 여부를 사업장 스스로 주기적으로 확인하는 것을 말한다.

각 사업장별로 자체감사의 내용은 조금씩 상이한 부분이 있으나 기본적인 사항에 대해서는 관련 지침(KOSHA GUIDE)에서 정하고 있는 내용을 토대로 작성하고 있다. 중요한 점은 이미 공정안전보고서를 승인받아 사업장에서 그 내용을 준수한다고 약속된 사항이라 이는 법적인 처벌을 받을 수 있는 사항이다. 많은 사업장에서 문제점으로 지적되고 있는 내용으로 공정안전보고서의 내용을 준수하기가 어렵다고 호소를 하지만 이는 중요한 사실을 간과한 결과이다. 공정안전보고서의 내용과 구성은 이미 선진국에서 많은 사고를 바탕으로 대책에 대책을 수립한 결과 가장 합리적이고 실천 가능한 결과물이라는 점이다. 공정사고의 끔찍한 결과는 상상을 초월한다는 것은 이미 다 알고 있는 사실이다.

사업장에서는 안전관리자의 능력이나 경력 또는 회사의 열악한 사정 등에 따라 공정안전보고서의 준수가 어렵다고 한다. 그러나 공정사고의 결과를 예견할 수 있다면 보고서의 내용을 준수해야 하는 결론에 이른다.

2. 자체감사에 관한 관련법령

관련법령에 따라서 공정안전보고서의 적합을 받고 실행하는 상터에서 자체감사에 대한 보고서의 내용이 있는 것은 이미 알고 있다. 시행령의 안전운전계획 중, "아" 항목에 자체감사라는 내용이 있다. 그리고 "자체감사"의 내용의 작성기준은 고용노동부 고시(공정안전보고서의 제출·심사·확인 및 이행상태평가 등에 관한 규정 : 제2017-34호)에서 자세히 나타내고 있다. 다음은 자체감사에 대한 법령의 기준을 제시한다.

1.1 산업안전보건법 시행규칙

시행규칙에서는 고용노동부에서 공정안전보고서의 각 지침에 따라 정상적으로 실행하는지 확인하는 근거를 제시하고 있다. 즉 각 사업장의 등급에 따른 확인기간에 점검을 실시하는데 이때 자체감사의 항목을 정상적으로 지침에 따라 실행하고 있는지를 확인하고 있다.

1) 제130조의7(공정안전보고서 이행 상태의 평가)

① 법 제49조의2제9항에 따라 고용노동부장관은 같은 조 제6항에 따른 공정안전보고서의 확인(신규로 설치되는 유해·위험설비의 경우에는 설치 완료 후 시운전 단계에서의 확인을 말한다) 후 1년이 경과한 날부터 2년 이내에 공정안전보고서 이형상태의 평가(이하 "이행상태평가"라 한다)를 하여야 한다.

② 고용노동부장관은 제1항에 따른 이행상태평가 후 4년마다 이행상태평가를 하여야 한다. 다만, 다음 각 호의 어느 하나에 해당하는 경우에는 1년 또는 2년마다 실시할 수 있다.

가. 이행상태평가 후 사업주가 이행상태평가를 요청하는 경우

나. 법 제51조에 따라 사업장에 출입하여 검사 및 안전·보건점검 등을 실시한 결과 제130조의2제3호 사목에 따른 변경요소 관리계획 미준수로 공정안전보고서 이행상태가 불량한 것으로 인정되는 경우 등 고용노동부장관이 정하여 고시하는 경우

③ 이행상태평가는 제130조의2 각 호에 따른 공정안전보고서의 세부 내용에 관하여 실

시한다.

④ 이행상태평가의 방법 등 이행상태평가에 필요한 세부적인 사항은 고용노동부장관이 정한다.

1.2 고용노동부 고시(제2017-34호)

고용노동부 고시 "공정안전보고서의 제출·심사·확인 및 이행상태평가 등에 관한 규정"에서 자체감사의 구체적인 사항을 규정하고 있어 사업장에서는 전체 항목에 대하여 누락됨이 없이 실행하고 개선사항은 조치를 하여야 한다.

1) 제51조(자체감사)

사업장에서는 공정안전관리가 규정대로 이행되고 있는지를 평가·확인하기 위하여 1년마다 자체감사가 실시되고 있는지를 다음 각 호의 기준에 따라 심사하여야 한다.

① 자체감사 시에는 사용 중인 안전작업지침 및 절차 등 각종 기준과 절차가 현재의 공정 및 설비에 적합한지의 여부

② 자체감사팀에는 감사 대상 공정에 전문적인 지식을 갖춘 사람 1명 이상이 참여하고 있는지의 여부

③ 자체감사에서 제시된 평가·분석 결과에 따라 지속적인 조사·연구가 필요하거나 정밀 검토가 필요한 사항에 대해서는 지속적인 조사·연구가 이루어지고 있는지의 여부

④ 자체감사에서 도출된 문제점에 대해서는 필요한 조치가 이행되어야 하며 그 내용을 문서로 기록 관리하고 있는지의 여부

⑤ 자체감사 보고서를 3년 이상 보관하고 있는지의 여부

2) 별표1 세부평가항목

자체감사 세부평가항목	
구분	항목
1	자체감사 지침이 산업안전보건법령, 동 고시 및 공단 기술지침을 참조하여 작성되어 있는가?
2	1년마다 자체감사를 실시하고 그 결과를 문서화하고 있는가?
3	자체감사팀에는 공정설계 또는 공정기술자, 계측제어, 전기 및 방폭기술자, 검사 및 정비기술자, 안전관리자 등 전문가가 참여하는가?
4	자체감사 내용에 PSM 12개 요소 등이 포함되는 등 적절한가?

5	자체감사의 방법은 서류, 현장 확인, 면담 등의 방법을 모두 활용하는가?
6	자체감사 결과 도출된 문제점은 적절한가?
7	자체감사 결과 도출된 문제점을 문서화하고 개선계획을 수립하여 시행하였는가?
8	자체감사 결과보고서를 경영층에 보고하고, 세부내용을 전 근로자에 알려주는가?
9	감사결과 및 개선내용을 문서화한 보고서를 3년 이상 보존하면서 정도관리를 하고 있는가?

1.3 처벌규정

산업안전보건법에서는 공정안전보고서의 중요성을 감안하여 보고서의 내용을 준수하지 않거나 정상적으로 실행하지 않으면 법적인 처벌을 실시하고 있다. 물론 처벌의 염려보다 공정안전을 위하여 마땅히 보고서의 내용을 준수해야 할 것이다. 다음은 처벌에 대한 사항이다.

1) 산업안전보건법

① **제72조(과태료)**

다음 각 호의 어느 하나에 해당하는 자에게는 1천만 원 이하의 과태료를 부과한다. 〈개정 2011.7.25., 2013.6.12., 2016.1.27., 2017.4.18.〉

가. 제9조의2제3항에 따라 수급인에 관한 자료를 제출하지 아니하거나 거짓으로 제출한 자

나. 제29조의3제3항, 제29조의4제1항, 제30조제1항 · 제3항, 제34조의2제1항, 제36조제1항 · 제4항, 제36조의2제5항, 제39조의2제1항, 제48조제1항부터 제3항까지(자격을 갖춘 자의 의견을 듣지 아니하고 작성 · 제출한 자는 제외한다) 또는 제49조의2제1항 전단, 같은 조 제5항 · 제7항을 위반한 자

2) 산업안전보건법 시행령

① **제48조(과태료의 부과기준)**

법 제72조제1항부터 제5항까지의 규정에 따른 과태료의 부과기준은 별표 2와 같다.

② 별표 2 과태료 부과기준

위반행위	근거 법조문	세부내용	과태료 금액(만원)		
			1차 위반	2차 위반	3차 위반
법 제49조의2제1항 전단을 위반하여 공정안전보고서를 작성하여 제출하지 않은 경우	법 제72조 제4항제2호		300	600	1,000
법 제49조의2제2항을 위반하여 공정안전보고서 작성 시 산업안전보건위원회의 심의를 거치지 않거나 근로자대표의 의견을 듣지 않은 경우	법 제72조 제5항제3호		50	250	500
법 제49조의2제5항을 위반하여 공정안전보고서를 사업장에 갖춰 두지 않은 경우	법 제72조 제4항제2호		100	250	500
법 제49조의2제6항을 위반하여 공정안전보고서 내용의 실제 이행 여부에 대하여 고용노동부장관의 확인을 받지 않은 경우	법 제72조 제6항제11호		30	150	300
법 제49조의2제7항을 위반하여 공정안전보고서의 내용을 지키지 않은 경우	법 제72조 제4항제2호	1) 사업주가 지키지 않은 경우(내용위반 1건당)	10	20	30
		2) 근로자가 지키지 않은 경우(내용위반 1건당)	5	10	15

3 자체감사준비단계

1. 감사준비

자체감사의 모든 절차에 관한 사항은 이미 적합판정을 받은 공정안전보고서의 자체감사에 관한 지침에 근거하여 실행하여야 한다. 이 책에서는 표준 자체감사에 관한 지침을 참고하여 감사의 실행을 진행한다. 중요한 점은 회사 내에서 사용하고 있는 자체감사에 관한 지침을 토대로 실행해야 한다. 일부 회사에서는 회사의 지침에서 정하고 있는 절차나 양식을 따르지 않거나 사용하지 않는 경우도 발생하기도 한다. 이는 엄연한 규정위반으로 1건당 10만원의 과태료 부과대상임을 잊지 말아야 한다. 분명히 언급하지만 보고서의 절차를 준수하겠다는 약속을 한 것이므로 이는 관련법에서 정하는 사항이어서 다르게 실행할 경우 법규위반이 되므로 담당자는 중요하게 고려하여야 한다. 또한 이 책에서는 자체감사의 실행 수준을 단순히 확인 단계의 약식이 아닌 공정안전보고서에서 요구하는 이행상태평가를 점수화하는 단계로 구성하였기 때문에, 실질적인 정량화된 사업장의 PSM이행 상태를 평가할 수 있도록 구성하였다.

1.1 감사계획수립

감사를 주관하는 부서의 장은 감사를 시행하기 전에 감사계획을 수립하여야 한다. 감사계획을 수립하는 경우 내용이나 절차 및 양식은 이미 보고서에 첨부되어 있음을 명심해야 한다.

① 감사팀장(보통 : 안전환경부서장)은 자체감사를 실행하기 전에 감사계획을 수립한다.
② 감사팀장은 감사대상부서의 선정과 감사범위를 결정하여 감사대상항목에 대하여 감사팀원과 협의하여 감사방법을 정한다.
③ 다음은 감사계획의 포함사항이다.
가. 감사일정
나. 감사팀 구성 및 감사요원의 역할 및 책임
다. 감사대상 범위(사업장, 공정조직)
라. 감사기준
마. 감사절차
바. 감사평가
아. 감사보고서 작성 및 조치

1.2 감사일정

감사일정은 회사의 사정과 각 부서의 특성을 고려하여 부서별 감사일정을 1일 정도 실시하는 것이 보통이다. 중요한 사항으로 감사일정에서 기본적인 시간을 부여하여 충분한 감사가 될 수 있도록 한다. 일정을 각 부서장과 협의하여 결정이 되면 전 부서원을 대상으로 사전에 감사에 관한 교육을 실시할 필요가 있다. 모든 조직원이 감사에 대비하여 준비할 사항은 준비하도록 해서 공정안전보고서에 대하여 관심의 분위기를 증가시킬 필요가 있다. 감사의 대상이 서류, 현장 및 면담분야이기 때문에 보고서를 현장에 정상적으로 비치가 되어 있는지 확인하여 부족한 경우에는 추가적으로 비치하도록 하여야 한다. 회사의 규모에 따라서 일정을 정하여 합리적으로 감사가 진행되어야 한다. 일부 회사는 감사일정표의 양식이 준비되어 있지 않아 등록되지 않은 양식을 사용하기도 하는데 이는 분명히 시스템에서 부적절한 사항이다. 다음은 감사일정표(양식 1)를 작성한 예시이다.

(양식 1) 자체감사 일정표

<table>
<tr><td colspan="5">자체감사 일정표</td><td>년도</td></tr>
<tr><td>감사기간</td><td colspan="2"></td><td>감사구분</td><td colspan="2">□ 정 기 □ 특 별</td></tr>
<tr><td>감 사 원</td><td colspan="5"></td></tr>
<tr><td>감사목적</td><td colspan="5"></td></tr>
<tr><td>감사범위
및
감사내용</td><td colspan="5"></td></tr>
<tr><td rowspan="5">감사일정</td><td>대상부서</td><td>일자</td><td>시간</td><td>감사요원</td><td>비 고</td></tr>
<tr><td></td><td></td><td></td><td></td><td></td></tr>
<tr><td></td><td></td><td></td><td></td><td></td></tr>
<tr><td></td><td></td><td></td><td></td><td></td></tr>
<tr><td></td><td></td><td></td><td></td><td></td></tr>
<tr><td>감사준비
사항</td><td colspan="5"></td></tr>
</table>

작 성 / 일 자	검 토 / 일 자	승 인 / 일 자
/ 월 일	/ 월 일	/ 월 일

1.3 감사팀 구성 및 역할

자체감사를 실시하기 위하여 감사팀의 구성은 중요한 사항이다. 감사의 효과를 증가하기 위하여 감사팀의 구성은 필수적인 요소로써 감사의 성패를 좌우한다고 해도 과언이 아니다. 다음은 감사팀의 구성에 관한 사항을 예시를 들고 설명한다.

- 감사팀은 경력, 지식, 교육수준에 따라 3~4명으로 구성한다.
- 감사요원은 공정, 감사기술, 방법 등을 잘 알고 있는 능숙한 자로서 해당 공정의 위험성에 대한 기초적인 지식을 가지고 있는 2년차 이상 부서원으로 한다.
- 감사할 때 공평하게 감사할 수 있는 자로 한다.
- 감사팀의 규모는 감사해야 할 공정의 규모나 실정에 따라 정한다.
- 고도의 전문기술이 필요한 경우에는 해당분야 외부전문가를 활용할 수 있다.

① 감사요원은 가능한 감사대상조직을 공정하게 감사할 수 있도록 자체 감사요원 자격기준에 따라 적합하고 독립적인 자로 선정하여야 한다. 감사요원의 자격기준에 대해서는 이미 공정안전보고서의 내용에 작성이 되어 있으므로 그 기준에 맞게 감사요원을 선발한다. 다음은 일반적인 감사요원의 요구조건과 자격기준이다.

가. 감사원칙, 절차 및 기법 등에 관한 일반적인 지식 및 숙련도 : 3년 이상 대상공정 담당자(신규사업의 경우 1년)

감사를 진행하기 위해서는 기본적으로 공정안전보고서의 내용을 이해하고 해당 공정에 대해서 전문지식이 있어야 가능하므로 해당부서에서 경력이 많은 요원을 선발하여 시행할 필요가 있다. 경력의 기준은 해당부서의 설치연도와 근무자의 경력을 고려하여 사업장별로 정하여 실행한다.

나. 공정안전관리, 안전보건경영시스템 및 조직의 운영상황의 이해 : 공정안전보고서(PSM) 업무 담당자

해당부서에서 PSM에 대한 기본지식을 보유한 요원을 선발하여 시스템의 운용을 정상적으로 진행하는지를 판단하기 위해서는 PSM 운영 경력자를 선발하여야 한다. 사업장의 규모에 따라서 차이는 있지만 각 부서별로 별도의 PSM 담당자를 운영하는 사업장은 당연히 감사요원으로 선발하고 별도의 담당자가 없는 사업부서는 안전보건팀에서 요원을 선발하여 감사를 진행한다.

다. 학력, 업무경험, 감사요원훈련 및 감사 경험정도 : PSM 관련교육 이수자(1회 이상)

사업장의 규모에 따라서 감사팀을 구성하는 데 어려움이 없는 경우도 있지만 소규모 사업장의 경우 소수의 인원으로 인하여 감사팀을 구성하는데 어려움이 있는 경우도 발생한다. 이와 같은 상황을 대비하여 PSM에 대한 교육을 외부기관에 의뢰, 실시하여 감사요원으로 활용하기도 한다. 감사요원의 자격기준은 전적으로 사업장의 사정에 따라서 결정할 사항이지만 감사의 질을 높이기 위하여 회사에서는 감사요원을 확보하는 노력을 해야 되고 적극적으로 PSM과정을 외부 기관의 도움을 받아 적절한 감사가 될 수 있도록 준비하여야 한다.

② 감사팀은 감사대상 공정의 크기, 복잡성 및 감사범위 등을 감안하여 다음과 같은 2인 이상의 기술자로 구성한다.

가. 공정설계 또는 공정 기술자

감사대상부서에서 운용하고 있는 설비에 대하여 전문적인 기술자를 선발하여 감사를 실시하는 것은 당연하다. 그러므로 그 분야의 공정을 설계한 부서원이나 기술자를 선정하여 감사를 진행한다.

나. 계측제어, 전기 · 방폭 기술자

해당공정에서 사용되고 있는 설비의 전기적인 분야를 이해하고 위험정도를 인식하는 해당분야 전문기술자를 감사요원으로 선발하여 감사를 진행하여야 한다. 일부 소규모 사업장의 경우 전기 전문가가 상주하지 않은 경우가 있는데 이러한 경우에는 감사기간 동안이라도 전기안전대행기관의 기술자를 요청하거나 전기설비 보수 업체의 기술자를 포함하여 감사를 실시하도록 계획한다. 사업장의 규모가 큰 경우는 전기안전담당자를 감사요원으로 선정하여 전기안전분야의 전문성을 활용하여 감사에 참여하도록 한다.

다. 검사 및 정비 기술자

감사의 실시목적은 근본적으로 공정사고에 대비하여 산업재해를 예방하는 것이므로 공정설비에 대하여 실질적으로 설비를 운전하고 정비 및 검사하는 요원을 감사요원으로 선발하여야 한다. 사업장에서 중요하게 할 사항으로 PSM은 모든 조직원이 참여해야 효과를 나타내고 안전사고를 예방하는 첫 걸음인 것을 명심해야 한다. 안전관리부서에서는 정기적인 교육을 통하여 PSM을 교육하고 전 조직원의 참여를 독려할 필요가 있다.

라. 안전관리자

감사요원은 당연히 안전관리팀에서 안전관리자가 주축이 되어 실행한다. 사업장의 규모가 큰 경우 안전관리팀의 구성이 부서장, 과장, 대리 및 사원으로 된 경우는 감사요원을 구성하는 데 별 어려움이 없지만, 소규모 사업장의 경우 안전관리자 혼자서 PSM을 진행하는 경우에는 감사요원의 확보가 어려운 경우도 있으므로 위의 구성요건을 참고하여 적절한 수의 감사요원을 선발하여 감사를 진행한다.

마. 외부전문가

PSM에서 자체감사는 1년에 1회 실시하는 경우가 보통이므로 감사의 효과를 나타내기 위해서는 외부전문가의 도움을 받을 필요가 있다. 대규모의 사업장인 경우는 정책적으로 외부전문가를 참여하여 객관적으로 감사가 진행될 수 있도록 하는 경우도 있으므로 정기적으로 외부전문가를 참여시켜 감사를 진행하는 방향도 감사의 효과를 높일 수 있는 사항이다.

바. 감사요원관리대장

사업장의 자체감사를 실시하기 위하여 자체감사요원의 선발 및 관리가 필요하므로 감사요원 자격기준에 부합하는 요원을 선발하여 관리하여야 한다. 감사요원 관리를 위한 자체감사원 관리대장(양식 2)을 활용하여 필요하면 감사를 진행하고 교육계획을 수립하여 감사요원에 대한 PSM과 관련한 교육을 지속적으로 실시할 필요가 있다.

③ 감사요원의 역할 및 책임

PSM 감사를 진행하기 위한 역할 및 책임을 정하는 사항으로 감사를 실시하기 전에 충분히 자신의 역할을 숙지할 필요가 있다. 그러므로 감사를 진행하기 전에 안전관리팀은 감사요원에 대한 감사의 전반적인 사항에 대하여 충분한 교육을 실시하여야 한다. 다음은 감사요원의 역할 및 책임에 대한 사항이다.

가. 대표이사

PSM과 관련한 사항에 대하여 전체적인 책임이 있고 자체감사를 실행하는 경우에는 감사계획서를 승인하여 감사가 순조롭게 진행될 수 있도록 각 부서장을 관리한다. 감사결과보고서를 승인하고 개선사항의 경우 안전관리팀을 지휘하여 적절히 개선될 수 있도록 한다.

나. 안전관리팀

PSM의 자체감사에 대한 제반사항에 대하여 총괄적으로 준비, 실행, 확인 및 개선조치에 대한 사항을 관리한다. 준비단계에서 감사의 효과를 높이기 위하여 감사요원의 선정과 교육을 실시하고 부서별 협의를 진행하여 일정을 정한다. 감사실시 후 보고서를 작성하여 대표이사에게 보고하고 개선사항에 대해서는 각 부서에 통보하여 즉시 개선이 될 수 있도록 조치를 한다. 장기적으로 개선이 필요한 사항은 개선일정을 부서와 협의하여 정하고 대표이사에게 보고한다. 감사결과에 따라 개선사항을 해당부서에서 조치를 진행한 경우에는 확인하여 최종승인을 하고 그 결과를 대표이사에게 보고한다.

다. 해당부서장

안전관리팀의 감사계획에 따라 적극적으로 협조하며 감사요원의 선발과 관리에 최선을 다해야 한다. 감사결과 개선사항이 발견된 경우에는 가급적 빠른 시일 내(30일)에 처리하도록 노력하여야 한다. 개선이 된 경우에는 안전관리부서에 통보하고, 장기적이고 시일이 많이 소요되는 사항에 대해서는 개선계획을 해당부서(공무 및 구매)와 협의하여 일정을 수립 후 관련내용을 안전관리부서에 통보한다.

라. 팀장선발

감사요원이 2명 이상인 경우에는 1명을 팀장으로 지정하여 감사전반에 대하여 실행하고 보고서의 작성 및 개선계획서의 확인 등 모든 사항을 관리한다.

(양식 2) 자체감사원 관리대장

자체감사원 관리대장

이름	부서		입사일	전공	관련교육수강현황		비고
	소속	직책			교육기관	수강일자	
○○○	안전팀	팀장	2008.3	안전	공단	2010	
	안전팀	과장					
	안전팀	대리					
	생산부	부장					
	생산부	과장					
	공무부	부장					
	공무부	대리					
	기술부	부장					
	기술부	대리					

마. 다음은 PSM 보고서의 자체감사에 대한 책임과 역할에 대하여 예시로서 나타내었다.

1. 대표이사
   - PSM 관련업무 전반에 대한 정책을 최종 승인한다.
2. 안전관리팀
   - PSM공정의 자체감사팀을 해당부서 담당자와 협의하여 구성하며 자체감사계획을 준비한다.
   - 감사팀장은 자체감사결과 보고서를 정리하여 대표이사에게 보고한다.
   - 공정안전보고서에 대한 효과성을 확인하기 위하여 전 부서와 합동으로 자체감사를 연 1회 이상 실시한다.
   - 자체감사를 객관적으로 실시하여야 하며 감사요원에 대하여 자격을 검토하고 관리한다.
   - 자체감사결과보고서 및 최종개선 결과보고서를 대표이사에게 보고한다.
3. 공정안전관리 해당 부서팀
   - PSM자체감사의 효과를 달성하기 위하여 자체감사계획에 따라 적극적으로 참여한다.
   - 자체감사를 실시하고 그 결과에 대하여 이상 유무를 확인하고 개선계획서를 작성한다.
   - 자체감사결과에 대한 사항은 가급적 빠른 시일 내(30일)에 개선하도록 노력하고 장기적인 사항의 경우는 개선계획을 수립하여 개선일정을 수립하여 부서장의 승인을 받아 안전관리팀에 통보하고, 먼저 개선되는 사항은 부서장에게 보고하고 최종완료시 부서장의 승인을 받고 안전관리팀에 통보한다.

1.4 감사대상범위(사업장, 공정조직)

감사의 대상을 정하고 세분화 하는 업무는 회사의 조직과 규모에 따라서 결정하여야 한다. 기본적으로 PSM에서 규정한 회사의 조직도를 참고하여 감사대상을 결정하여야 한다. 또한 생산부서를 중심으로 공무부서, 공정설계부서 및 지원부서에 대해서도 감사대상에 포함하여 전 조직원이 참여할 수 있도록 하여야 한다. 지원부서 및 총무부서의 경우에도 12대 요소에 관계되는 사항이 있으므로 감사대상에 포함하여 관리할 필요가 있다.

1.5 감사기준

자체감사의 실시기준은 고용노동부고시 제2017-34호 “공정안전보고서의 제출 · 심사 · 확인 및 이행상태평가 등에 관한 규정” 및 KOSHA GUIDE(P - 105 - 2017)“자체감사 점검표 작성에 관한 기술지침” 등을 참고하여 실시한다. 고시 및 지침의 내용에 대해서는 감사실행 단계의 분야에서 설명한다.

1.6 감사절차

감사계획서를 수립하고 각 부서별로 감사를 진행하기 위한 절차는 서류, 현장 및 면담으로 구성되어 있으며 다음은 각 단계별로 진행 절차를 나타내고 있다.

① **서류감사**

가. PSM에서 정한 운전절차에 따라 실행되고 있는지 여부를 서류로 확인하고 항목별 평가점수를 부여한다.

나. 감사점검표를 사용하여 PSM을 이행하기 위한 계획, 실행과정 및 그 결과에 대하여 시스템적으로 분석한다.

다. 서류 내용이 PSM에서 요구하는 목표와 일치되는지의 여부를 판단한다.

라. 감사팀은 해당부서의 PSM 활동의 효과성을 평가하기 위하여 사고의 유무 및 아차사고의 형태, 위험성평가, 허가서 등 객관적인 증거를 확인한다.

② **현장감사**

가. PSM에서 정하고 있는 지침과 절차에 따라 진행되고 있는지를 각종 서류들을 감사하여 그 결과를 반영한다.

나. 현재 실행되고 있는 각종 지침에 대하여 현재의 설비나 공정에 대하여 서로 일치가 되는지를 확인하여 그 결과를 반영한다.

다. 공정설비에 점검일지와 보수일지를 참고하여 설비의 결함유무와 조치계획에 대하여 감사하고 그 결과를 반영한다.

라. 현장에 설치되어 있는 장비, 전기설비, 환경, 위험물관리 등에 대하여 산업안전보건에 관한 기술규칙을 적용하여 위반 여부를 확인한다.

③ **면담**

가. 대표이사로부터 현장 근로자 및 협력업체 근로자를 포함하는 모든 계층의 근로자를 샘플링을 통해 면담을 실시한다.

나. 면담의 주된 자료는 PSM에서 정하고 있는 사항이며 특히 공정안전자료와 관련해서 집중적으로 확인하여 그 결과를 반영한다.

다. 면담은 사업주와 중간관리자 및 현장 근로자 중 샘플링을 통해 선발하여 PSM의 12개 요소에 대하여 확인하고, 특히 경영진의 면담에서는 안전보건경영방침에 대하여 확인하고 PSM 이행을 위한 확고한 비젼이 있는지를 확인한다. 또한 근로자에 대해서는 공정안전자료, 위험성평가, 안전운전계획 및 비상조치계획에 대한 사항을 확인한다.

④ **다음 문서(양식 3)는 고시에서 정하고 있는 면담내용에 대한 사항으로 구체적인 작성 방법은 실행단계에서 설명한다.**

(양식 3) 면담내용

안전경영과 근로자 참여 : 공장장, 대표이사, 사업장장 등

구분	항목		면담/확인결과					
			A	B	C	D	E	평가근거
공장장	1	회사의 경영목표로 안전·보건을 우선적으로 강조하고 실천하는가?						
	2	공정안전관리(PSM) 12개 요소의 내용과 목적을 정확하게 이해하고 있는가?						
	3	공정위험성평가, 변경요소관리, 공정사고 및 자체감사결과의 개선권고사항 및 처리현황을 정기적으로 확인하고 있는가?						
	4	사업장 내·외부 PSM 관련 안전·보건 교육훈련계획을 승인하고 그 결과를 보고 받는가?						
	5	도급업체 안전관리의 구체적 내용을 잘 알고 있는가?						
	6	PSM이행분위기 확산을 위해 노력하고 있는가?						
	7	안전보건활동(위험성평가, 자체감사, 외부 컨설팅 등)과 안전분야 투자를 연계하여 투자계획을 수립하는지						
	8	안전에 대한 목표를 설정하고 목표대비 실적을 평가하며 관련 내용을 근로자들에게 공유하는지						
	9	PSM 관련 활동에 근로자(도급업체 포함) 참여를 보장하는지						

안전경영과 근로자 참여 : 공장장, 대표이사, 사업장장 등								
구분	항목		면담/확인결과					
			A	B	C	D	E	평가근거
부장/ 과장 (관리 감독자)	10	공정안전관리(PSM) 12개 요소의 내용과 목적을 정확하게 이해하고 있는가?						
	11	안전·보건문제에 관하여 근로자 의견을 수시로 청취하여 조치하고 상급자에게 보고하는가?						
	12	공정위험성평가, 변경요소관리, 공정사고, 및 자체감사결과의 개선권고사항 및 처리현황을 정기적으로 확인하고 있는가?						
	13	안전작업허가절차에 대해 구체적으로 잘 알고 있는가?						
	14	설비의 점검·검사·보수 계획, 유지계획 및 지침의 내용에 대해 구체적으로 잘 알고 있는가?						
조장/ 반장	15	공정안전관리(PSM) 12개 요소의 내용과 목적을 정확하게 이해하고 있는가?						
	16	안전·보건문제에 관하여 근로자 의견을 수시로 청취하여 조치하고 상급자에게 보고하는가?						
	17	공정위험성평가, 변경요소관리, 공정사고 및 자체감사결과의 개선권고사항 및 처리현황을 정기적으로 확인하고 있는가?						
	18	안전작업허가 절차에 대해 잘 알고 있는가?						
	19	설비의 점검·검사·보수 계획, 유지계획 및 지침의 내용에 대해 잘 알고 있는가?						
현장 작업자	20	업무를 수행할 때 공정안전자료를 수시로 활용하고 있는가?						
	21	자신이 작업 또는 운전하고 있는 시설에 대해 가동 전 점검 절차를 알고 있는가?						
	22	보고서에 규정된 안전운전절차를 정확하게 숙지하고 있는가?						
	23	공정 또는 설비가 변경된 경우 시운전 전에 변경사항에 대한 교육을 받는가?						

안전경영과 근로자 참여 : 공장장, 대표이사, 사업장장 등									
구분	항목		면담/확인결과						
			A	B	C	D	E	평가근거
	24	상급자가 자체감사 결과를 설명해 주는가?						
	25	사업장내 공정사고에 대한 원인을 알고 있는가?						
	26	자신이 작업 또는 운전하고 있는 시설에 대한 위험성평가 결과를 알고 있는가?						
	27	비상시 비상사태를 전파할 수 있는 시스템 및 자신의 역할(임무)을 숙지하고 있는가?						
정비보수 작업자 (도급업체 직원포함)	28	안전한 방법으로 유지·보수 작업을 수행할 수 있도록 작업공정의 개요·위험성·안전작업허가절차 등에 대하여 작업 전에 충분한 교육을 받았는가?						
	29	화기작업관련 화재·폭발을 막기 위한 안전상의 조치를 잘 알고 있는가?						
	30	밀폐공간 작업 시 유해위험물질의 누출, 근로자중독 및 질식을 막기 위한 안전상의 조치를 잘 알고 있는가?						
도급업체 작업자	31	작업지역 내에서 지켜야 할 안전수칙 및 출입 시 준수해야하는 통제규정에 대해 교육을 받았는가?						
	32	작업하는 공정에 존재하는 중대위험요소에 대해 잘 알고 있는가?						
	33	작업 중에 비상사태 발생 시 취해야 할 조치사항을 알고 있는가?						
안전관리자	34	PSM에 대한 충분한 지식을 보유하고, 사업장 내의 PSM 추진체계에 대하여 정확하게 이해하고 있는가?						
	35	사업장의 PSM 추진상황에 대하여 수시로 조·반장 및 근로자 등의 의견을 수렴하고 문제점을 발굴하여 경영진에게 보고하는가?						

안전경영과 근로자 참여 : 공장장, 대표이사, 사업장장 등									
구분	항목		면담/확인결과						
			A	B	C	D	E	평가근거
	36	정비부서 근로자, 도급업체 근로자 등이 공정시설에 대한 설치 · 유지 · 보수 등의 작업을 할 때 관련규정의 준수여부를 확인하는가?						
	37	연간 PSM 세부추진 계획을 수립 · 시행하는 등 PSM전반을 감독할 수 있는 권한을 부여받고 있나?						

⑤ **실행**

공정안전보고서 자체감사의 내용에서 실행과 관련한 감사를 진행하게 되는데 이는 실질적이고 중요한 감사의 분야이다. 실행 감사의 양식은 고시에서 정하는 다음의 문서(양식 4)를 사용하여 진행한다.

(양식 4) 자체감사확인서

자 체 감 사 확 인 서

년 월 일

대상부서			대상설비					
감사원	성명 :							
구분	항 목		면담/확인결과					
			A	B	C	D	E	평가근거
공정안전 자료 (1～7)	1							
	2							
	3							
	4							
	5							
	6							
	7							

1.7 감사평가

① 감사평가는 PSM의 실행과정에서 생성된 자료를 확인하여 실시하되, 그 자료가 없거나 부족한 경우 담당자에게 질문을 통해 감사요원이 평가한다.

② 생성된 자료를 충분히 수집하여 검토하며 원칙적으로는 모든 자료들을 전부 검토하여야 하나 일정상 감사결과에 문제가 되지 않는다면 샘플링 감사를 실시하여 그 결과를 전체에 반영할 수 있다.

③ 감사팀은 감사결과 시정요구사항을 작성하여 발행하여야 하며 시정요구 사항은 최종적으로 확인하는 절차를 실행하여야 한다.

④ 감사결과 PSM에 규정된 사항이 실행되지 않거나, 안전규칙에서 정하는 사항에 대하여 위반사항이 발생된 경우에는 해당 부서장의 확인을 받아 부적합 사항을 기록하고 최종 확인하여야 한다.

⑤ 통계자료 등을 충분히 수집하여 검토하고 회사의 기준에 따라서 확인한다.

⑥ 감사팀은 감사자료들을 체계적으로 분석하여 철저한 공정안전관리의 시행과 효과적인 시행을 위해 필요한 제반 시정요구 사항들을 문서화하여야 한다.

⑦ 정보의 분석, 결함사항의 확인, 시정작업 권고 등 감사 조사결과에 따른 감사보고서를 작성하여 대표이사에게 제출한다.

1.8 감사결과 보고서 작성 및 후속조치

① **감사결과 보고서 작성**

가. 자체감사보고서(양식 5)에는 다음 사항을 포함한다.

- 대상설비명 :
- 감사기간 : 20 . . . ~ 20 . . .
- 감사반구성 :
- 자체감사 결과 종합의견 :

나. 공정안전보고서 자체감사 점검표 또는 공정안전보고서 자체감사 결과표의 항목이 공정안전보고서 내용에 해당되지 않는 경우에는"면담결과 또는 감사결과"란에 "해당없음"으로 표시한다.

다. 개선권고사항(양식 5-1)에 대해서는 감사보고서에 첨부하여 작성한다.

② **감사결과 교육**

안전관리팀장은 감사가 종료되면 공정안전보고서 자체감사 점검표를 15일 이내에 작성하여 대표이사에게 보고하고 회사에서 정하는 교육시스템이나 게시판 또는 사내방송 및 조회를 통해 모든 근로자에게 알려야 하며 교육한 근거를 작성하여 보관하여야 한다.

(양식 5) 공정안전관리 감사보고서

감사보고서					
감사의 목적					
대상설비					
감사기간	년 월 일 ~ 년 월 일				
감사팀 구성					
감사반	소속	직책	성명	감사분야	전공 및 경력
감사팀장					
감사반					
감사반					
외부전문가					
구분	자체감사 결과 및 종합의견				비고
	"별도첨부 가능"				

(양식 5-1) 개선권고사항

평가 항목	개선권고사항	해당부서	완료 예정일	조치계획	확인

개선권고사항 : 별도첨부

③ **후속조치**

감사팀장 또는 안전관리팀장은 감사결과 일정수준 이하인 경우나 규칙위반사항이 발견된 경우 해당부서의 장에게 기한을 정해 시정조치를 요구한다. 일반적으로 시정조치사항에 대해서는 공장의 규모와 업종에 따라서 차이가 있을 수 있지만 30일 이내로 조치를 하여야 하고, 연속식공정으로 자체감사에 따른 조치를 위하여 공장 가동을 중단하여야 하는 경우에는 공장 가동을 중단하는 차기 연차 정기보수기간까지 완료하고, 회분식공정일 경우에는 생산 활동이 비교적 없는 기간에 자체감사에 따른 조치를 완료하는 것으로 하되 자체감사일로부터 1년을 초과해서는 안 된다.

안전관리팀장은 시정조치요구서(양식 6)를 작성하여 시정조치 해당부서장에게 통보한다.

④ **부적합 또는 권고사항**

시정조치를 요구받은 해당부서장은 시정조치계획서(양식 7)를 대표이사의 지시 및 관련부서와 협의를 실시하여 문서를 작성하여 안전관리팀장에게 통보한다. 해당 부서장은 시정조치를 완료한 후 그 결과를 시정조치 완료보고서(양식 8)를 작성하여 감사팀장 또는 안전관리팀장에게 통보하고, 안전관리팀장은 조치사항에 대하여 확인하고 시정조치 완료확인서(양식 9)를 발행하여 해당부서장에게 통보하고 감사결과 지적사항에 대한 처리를 완료한다. 안전관리팀장은 해당부서장이 완료보고서를 작성하여 확인을 요청하는 경우 정상적으로 조치가 완료된 경우에는 확인서를 발행하지만 조치사항이 미흡한 경우에는 시정조치재요구서(양식 10)를 발행하여 해당 부서장에게 통보한다. 재요구서를 수령한 해당부서장은 시정조치 계획서를 작성하여 안전관리팀장에게 통보한다. 해당부서장이 개선사항에 대하여 조치예정일보다 초과되는 경우에는 개선지연사유서(양식 11)를 안전관리팀장에게 통보하고 최종예정일을 정하여 개선하여야 한다. 또한 처리결과를 대표이사에게 보고하고 지속적 관리를 하도록 한다. 사업장에서 자체감사의 처리 결과에 대한 미흡한 사항으로 시정조치 완료예정일을 초과한 경우에도 지속적 관리가 되지 않는 경우가 발생하기도 한다.

1.9 시정조치절차

① 대표이사는 감사보고서에 지적된 각각의 사안에 대하여 즉시 경영적인측면에서 검토하여 시정작업의 이행여부를 결정한다.

② 관리적 측면의 검토에는 어떤 작업이 적합한지를 결정해 주고 우선순위, 작업일정, 장비배치, 요구사항, 의무 등을 지정해 주는 것이 포함된다.

③ 시정작업의 수행은 다음과 같은 종류로 구분할 수 있다.

가. 시정작업이 필요 없는 경우

나. 절차의 간단한 변경 또는 관련된 설비의 간단한 정비나 변경으로 즉시 시정작업을 수행할 수 있는 경우

다. 설계도면의 검토나 절차의 수행을 위한 상세한 조사가 필요한 경우

④ 모든 시정작업 수행은 적절한 변경요소 관리 절차에 따른다.

⑤ 결함에 대한 시정작업 수행이 완료되면 시정작업에 대한 개요, 목적, 이유 등을 기재한 시정조치 완료보고서를 작성하다.

⑥ 시정작업이 필요 없는 경우에는 해당 이유를 시정작업 보고서에 기재한다.

1.10 문서보존

① 감사절차서, 감사보고서 및 시정작업보고서 등 감사관련 보고서는 문서로 작성한다.

② 감사결과보고서 및 시정작업보고서는 차기 감사를 위하여 문서화하여 3년 이상 보관한다.

(양식 6) 시정조치요구서

시정조치요구서

(발행번호 :)

공정지역(해당부서) :

결재	감사위원	감사팀장

공정안전관리항목 (12개 항목)	시정항목	책임부서	완료요구일

(양식 7) 시정조치계획서

시정조치계획서				결재	담당	부서장
부서명		공정명		작성일자	년 월 일	
발행번호	자체감사결과			조치예정일	책임부서	

(양식 8) 시정조치 완료보고서

시정조치 완료보고서	결재	담 당	부 서 장

부서명		공정명		작성일	년 월 일
발행번호	조치사항	조치 완료일	시정조치결과	책임부서	

개선전(사진)	개선후(사진)

(양식 9) 시정조치완료확인서

시정조치완료확인서

결재	담당	안전팀장

부서명		공정명		작성일	년 월 일

발행번호	감사결과	조치 완료일	시정조치 확인결과	시정조치 책임부서

(양식 10) 시정조치재요구서

결재	감사위원	감사팀장

시정조치재요구서

(발행번호 :)

공정지역(해당부서) :

공정안전관리항목 (12개 항목)	시정항목	책임부서	완료요구일

(양식 11) 개선지연사유서

개선지연사유서

결재	담당	부서장

부서명		공정명		작성일자	년 월 일

발행번호	자체감사결과	조치요구 예정일	최종완료 예정일	책임부서
1	■시정사항 : ■개선대책 : ■지연사유 :			
2	■시정사항 : ■개선대책 : ■지연사유 :			

2. 감사실시

다음은 "공정안전보고서의 제출 · 심사 · 확인 및 이행상태평가 등에 관한 규정"에서 제시하고 있는 자체감사에 대한 관련 내용이다. 이미 자체감사 준비단계에서 감사일정, 감사요원, 감사대상, 시정조치요구서 및 시정조치 완료보고서 등에 대하여 전체적으로 파악하였으므로 감사실시 단계에서는 감사 시작일로부터 종료시점까지 실행하는 내용과 결과서 작성 등에 대하여 설명한다.

제51조(자체감사) 사업장에서는 공정안전관리가 규정대로 이행되고 있는지를 평가 · 확인하기 위하여 1년마다 자체감사가 실시되고 있는지를 다음 각 호의 기준에 따라 심사하여야 한다.

1. 자체감사 시에는 사용 중인 안전작업지침 및 절차 등 각종 기준과 절차가 현재의 공정 및 설비에 적합한지의 여부
2. 자체감사팀에는 감사 대상 공정에 전문적인 지식을 갖춘 사람 1명 이상이 참여하고 있는지의 여부
3. 자체감사에서 제시된 평가 · 분석 결과에 따라 지속적인 조사 · 연구가 필요하거나 정밀검토가 필요한 사항에 대해서는 지속적인 조사 · 연구가 이루어지고 있는지의 여부
4. 자체감사에서 도출된 문제점에 대해서는 필요한 조치가 이행되어야 하며 그 내용을 문서로 기록 관리하고 있는지의 여부
5. 자체감사 보고서를 3년 이상 보관하고 있는지의 여부

감사내용으로는 사용 중인 안전작업지침 및 절차 등 각종 기준과 절차가 현재의 공정 및 설비에 적합한지의 여부를 중점적으로 확인하고 현장 확인 부분에서는 공정안전자료와 현장설비가 상호 간에 일치하는지를 확인하여야 한다. 설비의 개선이나 증설 및 생략 등에 대하여 즉각적으로 도면과 일치하였는지를 확인한다. 또한 방폭구역에 대해서는 도면과 확인하여 설비의 누락이나 비방폭 제품을 설치하였는지를 확인한다.

운전절차서 부분에서는 절차서의 내용이 구체적인지 확인하여 절차가 생략된 부분이 있을 경우 보완하여야 한다. 최근의 사례로는 운전절차서의 작성기준이 강화되어 일반적인 엔지니어가 절차서만 보고 가동 및 정지할 수 있도록 구체적이고 상세하게 절차서의 작성을 요구하고 있다.

면담부분에서는 다음과 같은 원칙을 제시한다. (가) 안전경영과 근로자 참여는 면담을 통하여 실시하며 면담 대상자는 감사반이 면담 30분 전에 임의로 선정하는 것을 원칙으로 하되 사업장의 실정에 따라 조정할 수 있다. (나) 공장장과 면담은 문서나 회의록 등을 제시받아 실제 실행 여부를 확인한다. (다) 1년에 2회 이상 자체감사를 실시하는 경우에는 공

장장의 면담은 1년에 1회 또는 공장장이 변경된 경우에 실시한다. (라) 면담은 개별면담을 실시하는 것을 원칙으로 한다. 다만, 개별면담이 곤란한 경우에는 그룹 면담을 실시할 수 있다.

2.1 감사계획

1) 감사일정표 작성

감사를 실시하기 전에 미리 각 부서별로 감사의 일정과 장소 및 시간 등에 대하여 협의를 하여야 한다. 중점관리 사항으로는 감사대상의 선정이며 감사대상은 공정과 관계인의 결정이다. 보통 사업장 가동 중에 감사를 실시하는 경우가 많으므로 업무에 차질을 가져오는 일정의 결정은 피해야 하며 각 부서별로 세밀하게 일정을 조율해서 대기시간을 단축하고 업무의 공백을 최소화하여야 한다. 다음은 감사일정표의 예시로써 감사일정표(양식 12)를 작성하는 경우 필요한 양식이다. 감사일정표는 각 해당부서에 전달하고 전체 게시판에 부착하여 근로자로 하여금 관심을 갖도록 해야 한다.

2) 감사요원 선정

감사를 실시하기 위하여 감사요원을 선발하여 감사를 준비하고 감사를 실시하기 전에 감사요원에 대하여 감사의 취지 및 방향에 대하여 안전관리팀장은 교육을 실시한다. 이때 감사요원에 대한 교육기록은 교육관련 절차의 규정을 준수하여야 한다. 다음은 감사요원의 구성에 대한 사항을 나타낸 감사요원명단(양식 13)으로써 감사시에 참고한다.

3) 실행서류준비

감사일정을 준수하고 감사의 효과를 높이기 위해서는 사전에 감사와 관련 있는 실행서류의 준비가 필요하다. 특별한 케이스로 해당부서의 감사를 진행하는데 서류 확인을 요청하면 서류를 확보하기 위하여 장시간이 소요되는 경우가 있다. 이는 처음부터 감사의 원할한 진행에 방해가 된다. 그리고 책상 위에 서류를 모아두고서도 서류를 찾아오는 속도가 아주 느리고 결국 찾지 못하는 경우도 있는데 이는 평소에 PSM에 대하여 이해가 부족하고 관심이 부족해서 오는 현상으로 볼 수 있다. 또한 질문의 요지를 이해 못하고 당황하는 경우도 발생하는데 이 또한 평소에 공정안전보고서의 실행 능력이 부족함에 오는 현상이라 볼 수 있다.

다음은 준비하여야 할 실행서류의 목록을 나타내고 있으며 회사의 규모에 따라서 안전관리팀에서 일괄 작성하여 보관하는 경우도 있고 규모가 큰 회사의 경우에는 모든 서류를 각 해당부서에서 작성 및 보관하고 있으므로 모든 서류를 준비하여 대기하여야 한다. 그래야만 감사의 효과를 기대할 수 있으며 감사결과의 문제점 해결에도 필요하기 때문이다.

① 공정안전자료
1. 유해 · 위험물질자료
2. 유해 · 위험설비의 목록 및 명세
– 동력기계 목록 장치 및 설비 명세
– 배관 및 개스킷 명세
– 안전밸브 및 파열판 명세
– 공정흐름도(Process Fow Diagram, PFD)
– 공정배관 · 계장도
– 유틸리티 계통도 유틸리티 배관 계장도
3. 건물 · 설비의 배치도 등
– 소화설비 설치계획
– 화재탐지 · 경보설비 설치계획
– 국소배기장치 설치계획
4. 폭발위험장소 구분도 및 전기단선도 등
– 전기단선도
– 접지계획 및 배치에 관한 서류
5. 안전설계 제작 및 설치 관련 지침서
6. 그 밖에 관련된 자료
– 플레어스택의 용량 산출근거
– 환경오염물질의 처리에 관련된 설비

② 위험성평가 추진 서류
③ 안전운전지침과 절차와 관련된 서류
④ 설비의 점검 정비 유지관리와 관련된 서류
⑤ 안전작업허가 및 절차와 관련된 서류
⑥ 협력업체 안전관리와 관련된 서류
⑦ 공정운전에 대한 교육와 관련된 서류

⑧ 가동전 점검과 관련된 서류
⑨ 변경관리와 관련된 서류
⑩ 자체감사와 관련된 서류
⑪ 공정사고조사와 관련된 서류
⑫ 비상조치계획과 관련된 서류

2.2 감사평가표

감사평가표는 감사를 진행하여 각 해당부서의 PSM 이행 수준을 확인하기 위하여 정량적 평가를 실시하는데 평가점수를 정하고 있는 사항으로 관련 고시에 나타내고 있다. 관련점수의 분포는 (별표 3)에 나타냈다.

2.3 PSM 감사평가방법

1) PSM 12개 항목별 평가는 PSM 감사 확인점검표에 따라 실시하며 하나의 확인 항목에 여러 가지 내용이 있거나 또는 한 가지 항목에 한 개 이상의 설비가 해당될 때에는 감사원의 재량으로 배점의 범위 내에서 평점함

2) PSM 감사 확인점검표의 항목이 공정안전보고서 내용에 해당되지 않는 경우에는 평가점수란에 "N/A"(No action required)로 표시하고 배점에서 제외함

3) 평가방법은 PSM감사 확인점검표를 기준함

4) PSM 평가점수표의 환산 점수란에는 구성요소별 평가점수를 100점으로 환산한 점수를 기재함

5) 이행상태평가 기준

보고서 이행상태평가의 세부평가항목 및 배점기준 등은 다음과 같다.

① 이행상태평가표의 총배점 및 최고환산점수는 각각 1,620점 및 100점이며, 평가항목, 항목별 배점, 환산계수 및 최고 환산점수 등은 별표 3과 같다.
② 세부평가항목별 평가점수는 별표 4와 같이 우수(A, 10점), 양호(B, 8점), 보통(C, 6점), 미흡(D, 4점), 불량(E, 2점) 등 5단계로 구분하며, 항목별 평가결과에 따라 해당되는 점수

와 평가근거를 면담 또는 확인결과란에 기재한다.

③ 해당사항이 없는 평가항목의 경우에는 "해당 없음"으로 표기하고 그 항목은 점수가 없는 것으로 본다.

④ 환산점수는 항목별로 평가점수에 환산계수를 곱한 점수를 말하며, 환산점수의 총합은 항목별 환산점수를 모두 합한 점수를 말한다.

6) 점수환산 방법

점수환산은 (별표 3)을 참고하여 다음의 공식에 의해서 나타낼 수가 있다.

$$\text{취득점수} \times \text{환산계수}$$

예를 들면 현장확인의 최고실배점은 210점이고 취득점수가 200점이라면

$$200 \times 0.081 = 16.2$$

위와 같은 방법으로 모든 항목(14개 : 면담, 서류, 현장)을 더하면 평가점수가 된다.

또한 16.2점은 100점을 기준으로 환산([16.2/17]×100)하면 95.29점이 되므로 현장관리는 아주 양호하게 관리됨을 알 수 있다.

여기서 점검항목별로 감사를 진행하다보면 해당되는 항목이 없는 경우가 발생하는데 예를 들면, 현장확인에서 회사의 현장에 회분식반응기가 없는 경우 그 항목은 해당없음으로 처리하고 점수계산은 다음과 같이 실행한다. 총점이 210에서 200점(해당항목이 10점)으로 감소하고 나머지 항목에서 취득점수가 180점이라면

$$\left(\left(\frac{180}{200}\right)\times 210\right)\times 0.081 = 15.309$$

위와 같은 방법으로 해당 없는 항목을 제외시킨 점수를 반영하여 전체점수를 계산한다. 실제 실행은 이 책의 마지막 부분에서 예를 들어 설명을 할 것이다.

(별표 3) 감사점수분포

항 목	최고실배점	환산계수	최고 환산점수
안전경영과 근로자참여	370	0.057	21.0
공정안전자료	70	0.071	5.0
공정위험성평가	130	0.041	5.5
안전운전 지침과 절차	80	0.050	4.0
설비의 점검·검사·보수 유지계획 지침	120	0.046	5.5
안전작업허가 및 절차	80	0.106	8.5
도급업체 안전관리	100	0.080	8.0
공정운전에 대한 교육·훈련	70	0.071	5.0
가동전 점검지침	60	0.050	3.0
변경요소 관리계획	70	0.100	7.0
자체감사	90	0.044	4.0
공정사고조사 지침	90	0.033	3.0
비상조치계획	80	0.044	3.5
현장확인	210	0.081	17.0
계	1,620		100

(양식 12) 감사일정표

감 사 일 정 표

<table>
<tr><th>일자</th><th>시간</th><th>감사대상</th><th>내용</th><th>감사위원</th></tr>
<tr><td rowspan="3">8/7
(월)</td><td>10:00~10:30</td><td>PSM TF 전원</td><td>Opening Meeting</td><td></td></tr>
<tr><td>10:30~17:00</td><td>1) 본부장 면담
2) 중급관리자
3) 현장관리자
4) 현장작업자
5) 안전관리자
6) 하도급 업체</td><td>면담(내용 : 고시 참조)</td><td>위원1</td></tr>
<tr><td>10:30~17:00</td><td>생산 1팀</td><td rowspan="2">1) 공정안전자료의 적정한 관리 여부
2) 공정위험 분석 수행 여부
3) 운전절차의 작성 및 이행여부
4) 교육훈련의 실시 및 적정성
5) 가동전 점검의 실시 여부
6) 안전작업 허가서의 발행 등
안전작업 절차의 준수 여부
7) 설비보전의 적정성 여부
8) 변경관리의 수행 여부
9) 자체감사
10) 사고조사의 실시 및 적정성 여부
11) 협력업체에 대한 안전 지원여부
12) 비상조치계획의 운영 및 비상훈련 실시여부</td><td>위원2
위원3</td></tr>
<tr><td>8/8
(화)</td><td>09:00~17:00</td><td>생산 2팀</td><td>위원2
위원3</td></tr>
<tr><td rowspan="2">8/9
(수)</td><td>09:00~12:00</td><td>생산 2 팀</td><td>현장심사</td><td>위원2
위원3</td></tr>
<tr><td>13:00~14:00</td><td>PSM TF 전원
(전사원)</td><td>Closing Meeting</td><td>위원1
위원2
위원3</td></tr>
</table>

(양식 13) 감사요원명단

감 사 요 원 명 단

순 번	성 명	소속 및 직위	감사직책	주요 감사내용	비 고
1	위원1	안전관리 팀장	감사팀장	PSM감사보고서 검토·분석 PSM 12개 항목 서 류감사 및 현장확인	화공안전기술사 PSM 감사업무 안전진단전문위원
2	위원2	전문 위원	외부 전문가	관계자면담	전기안전기술사, PSM자체감사업무 공정안전기술자
3	위원3	안전관리 과장	내부 PSM 관리	PSM 12개 항목 서류감사 및 검토· 분석	자체감사과정이수 산업안전기사 경력20년
4	위원4	안전관리 대리	내부 PSM 담당	PSM 보고서 및 현 장 전반	자체감사 담당 산업안전기사 경력5년
5	위원5	공무과장	내부 PSM 담당	현장 및 서류 확인	기계기사 위험물산업기사 경력 20년

2.4 감사의 종류

1) 면담감사

면담은 PSM에 대하여 어느 정도 이해하고 실천하는지를 확인하는 방법으로 문답식으로 진행을 한다. 감사를 받는 입장에서는 질문에 당황하여 정상적인 대답을 못하는 경우도 많으나 감사요원의 입장에서는 상대방에 대한 수준을 질의 응답과정에서 파악이 가능하므로 완벽한 답을 요구하지는 않는다. 12대 항목을 모두 암기하고 답변하는 것은 절대 불가능하므로 준비과정에서 전체적인 이해를 하는 것이 감사를 대비하는 방법이다. 즉 PSM을 실행하다가 잘 이해가 안 되는 경우에는 PSM 보고서를 찾아 활용하면 되기 때문이다. 어느 파트에 무엇이 있는 정도만 알고 있어도 충분한 것이다. 그러나 기본적인 질문 조차도 답변을 못하는 경우에는 높은 등급을 받기는 어려울 것이다. 예를 들면 MSDS에 대하여 질문할 때 전혀 처음 들어보는 용어처럼 대응을 하면 낮은 점수를 부여 받게 될 것이다. 점수부여는 고시에서 정하는 기준으로 산정한다. 다음 참고 1은 면담의 대상자별로 질문하는 내용과 심사기준에 관한 사항으로 평소에 관심을 갖고 준비하면 PSM을 실행할 때 많은 도움이 된다.

최고경영자에 대한 면담에서의 주안점은 경영자의 안전경영철학을 확인하고 평소에 어느 정도의 관심을 가지고 있는지와 안전 분야에 투자의 정도 및 지시사항을 확인한다. 12대 항목에 대한 의미와 최근의 안전과 관련한 사회적인 사고에 대해서도 관심도를 확인한다. 또한 각 계층별로 빠짐없이 면담을 실시하여야 하며 관심이 적은 부서의 경우 면담에서 제외를 원하는 경우가 있는데 이는 모든 조직원이 참여하여 중대재해를 방지하고자 하는 목적에 위배되므로 사전에 충분한 협의를 거쳐 감사의 목적을 달성할 수 있도록 감사를 진행하여야 한다. 참고로 PSM등급결정의 핵심 포인트는 면담점수의 비중이 제일 높다(21점)는 점을 인식하여야 한다.

2) 면담실행

면담점검표(참고1)를 작성하여 각 면담대상자별로 약 30분 정도의 시간을 소요하여 면담을 실시한다. 이때 면담을 실시할 때 공정이나 업무에 방해가 되지 않기 위하여 면담순서는 상황에 맞게 조정하여 진행한다. 일반적으로 면담대상자에 포함되기 싫어하는 경향이 있는데 그날 출근자 명단을 참고하여 무작위로 선정하여 면담을 실시하는 것이 회사의 수준을 파악하는 데 도움이 될 것이다. 또한 회사별로 차이가 있지만 어느 대표자는 심사대상에서 제외를 요구하는 경우도 있고 어느 회사는 적극적으로 대표자가 참여를 원하는 경우도 있으므로 사전에 감사팀은 준비를 철저히 할 필요가 있다. 그리고 총무부서, 자재부서등 PSM과 연관이 적다고 판단하여 부서장이 참여를 거부하는 회사도 있는데 이는 올바른 자세가 아니며 회사의 PSM 발전을 위해서 보다 적극적으로 모든 부서가 참여하는 것이 바람직하다. 다음 점검표는 면담감사에 사용하는 점검표를 나타낸 것이다. 특히 면담점검표에서 감사착안사항은 감사를 진행할 경우 중점적으로 질문하여 이해의 정도를 확인할 필요가 있다. 감사의 결과는 실질적인 PSM 관리 수준을 파악하는 객관적인 자료가 되므로 부족한 부분은 교육과 훈련을 통하여 실행능력을 향상시켜야 한다.

(참고 1) 면담점검표

안전경영과 근로자 참여 : 대표이사, 공장장, 사업장장 등					
구분	항목	감사판단사항	감사결과내용	평가기준	감사 결과 (점수)
1	회사의 경영목표로 안전·보건을 우선적으로 강조하고 실천하는가?	1. 업무회의에서 안전에 관한 내용을 지시하거나 확인사항이 있는가. 2. 안전보건경영활동 * 안전·보건 경영방침 게시여부 * 안전·보건분야 경력 고과 반영 여부 * 안전부서 인력배치 및 권한 부여 실태 등		A : 안전보건이 최우선임 C : 보통수준 E : 생산이 우선임	
2	공정안전관리(PSM) 12개 요소의 내용과 목적을 정확하게 이해하고 있는가?	1. PSM에 대한 간단한 질문(개요) 2. PSM 12개의 구성의 의미와 설명을 요구		A : PSM을 정확하게 이해 C : 보통수준 E : 거의 모르고 있음	
3	공정위험성평가, 변경요소관리, 공정사고 및 자체감사결과의 개선권고사항 및 처리현황을 정기적으로 확인하고 있는가?	3. 최근의 위험성평가에 대한 결과? 4. MOC를 실시한 이력을 알고 있는 지 5. 공정사고와 관련한 개선 및 처리현황을 알고 있는지		A : 빠짐없이 확인함 C : 보통수준 E : 확인 안함	
4	사업장 내·외부 PSM관련 안전·보건교육 훈련계획을 승인하고 그 결과를 보고 받는가?	1. 교육훈련계획에 대한 사항에서 이번 달의 계획은? 2. 최근의 훈련의 내용과 문제점을 인지하는지		A : 교육훈련계획을 승인하고 그 결과를 보고 받음 C : 보통수준 E : 보고받은 사항이 없음	
5	도급업체 안전관리의 구체적 내용을 잘 알고 있는가?	1. 도급업체의 안전관리에 대한 평가를 관리하고 있는지 2. 관리지침의 세부내용에 대해 질문		A : 구체적으로 잘 알고 있음 C : 보통수준 E : 도급업체의 활동에 무관심	

안전경영과 근로자 참여 : 대표이사, 공장장, 사업장장등					
구분	항목	감사판단사항	감사결과내용	평가기준	감사결과(점수)
6	PSM이행 분위기 확산을 위해 노력하고 있는가?	1. PSM 확산을 위한 별도의 실천을 유지하고 있는지 2. 추진사업내용의 종류 확인		A : 2개 이상 사업을 수립, 추진 C : 1개 이상 사업을 수립, 추진 E : 추진활동 전무	
7	안전보건활동(위험성평가, 자체감사, 외부 컨설팅 등)과 안전분야 투자를 연계하여 투자계획을 수립하는지	1. 개선사항에 대한 투자계획이 수립되는지와 외부 전문가를 활용하는 계획이 있는지 2. 연초에 수립한 계획을 실행하고 있는지		A : 구체적이고 확실하게 실행함 C : 보통수준 E : 관심이 저조함	
8	안전에 대한 목표를 설정하고 목표대비 실적을 평가하며 관련 내용을 근로자들에게 공유하는지	1. 정기적으로 목표대비 성과측정을 하고 있는지 2. 평가결과 내용을 근로자에게 게시하는지		A : 실적이 우수함 C : 보통수준 E : 성과측정이 없음	
9	PSM 관련 활동에 근로자(도급업체 포함) 참여를 보장하는지	1. 사무직을 포함하여 전 근로자의 참여를 보장하고 있는가? 2. 도급업체에서 요구하는 사항을 반영하고 있는지		A : 완전하게 보장하고 있음 C : 보통수준 E : 참여보장에 대해서 모르고 있음	

안전경영과 근로자 참여 : 부장/과장(관리감독자)					
구분	항목	감사판단사항	감사결과내용	평가기준	감사 결과 (점수)
10	공정안전관리(PSM) 12개 요소의 내용과 목적을 정확하게 이해하고 있는가?	1. 부/과장의 PSM의 이해 및 실천사항 확인 - PSM의 12개 항목 답변 - 공정안전자료에는 어떤 자료가 있는가? - 위험성평가의 종류와 차이점은? - 운전계획의 종류는 무엇인가? - 비상조치계획의 필요성은 무엇인가?		A : 구체적이고 확실하게 이해 함 C : 보통수준 E : 관심이 저조함	
11	안전·보건문제에 관하여 근로자 의견을 수시로 청취하여 조치하고 상급자에게 보고하는가?	1. 최근의 근로자의 의견사항을 알고 있는가? 2. 의견수집 방법은 무엇인가?		A : 실적이 우수함 C : 보통수준 E : 수집 실적이 없음	
12	공정위험성평가, 변경요소관리, 공정사고, 및 자체감사결과의 개선권고사항 및 처리현황을 정기적으로 확인하고 있는가?	1. 위험성 평가결과에 대해서 개선하고 있는지 2. 최근의 MOC사항을 알고 있는지 3. 사고원인 파악 및 방지를 위한 노력여부 4. 자체감사결과를 정기적으로 확인하고 처리하는지		A : 빠짐없이 확인함 C : 보통수준 E : 확인 안함	
13	안전작업허가절차에 대해 구체적으로 잘 알고 있는가?	1. 안전작업허가서의 종류를 알고 있는지 2. 최근에 발행된 허가서의 종류와 내용은		A : 이해력이 우수하고 참여우수 C : 보통수준 E : 알고 있는 사항이 없음	
14	설비의 점검·검사·보수·계획, 유지계획 및 지침의 내용에 대해 구체적으로 잘 알고 있는가?	1. 구성 기기의 우선순위 등급을 알고 있는지 2. 점검주기를 설명요함 3. 기기 및 기자재의 품질관리의 기준은 알고 있는가?		A : 구체적으로 잘 알고 있음 C : 보통수준 E : 지침의 내용에 무관심	

안전경영과 근로자 참여 : 조장/반장					
구분	항목	감사판단사항	감사결과내용	평가기준	감사 결과 (점수)
15	공정안전관리(PSM) 12개 요소의 내용과 목적을 정확하게 이해하고 있는가?	조장/반장의 PSM관심도 파악 - PSM의 12개 항목 답변 - 공정안전자료에는 어떤 자료가 있는가? - 위험성평가의 종류와 차이점은? - 운전계획의 종류는 무엇인가? - 비상조치계획의 필요성은 무엇인가?		A : 구체적이고 확실하게 이해 함 C : 보통수준 E : 관심이 저조함	
16	안전·보건문제에 관하여 근로자 의견을 수시로 청취하여 조치하고 상급자에게 보고하는가?	1. 청취방법을 정하고 수집하고 있는가? 2. 자료의 내용을 정리하여 정기적으로 보고하는가? 3. 최근의 보고한 내용은?		A : 실적이 우수함 C : 보통수준 E : 수집 실적이 없음	
17	공정위험성평가, 변경요소관리, 공정사고 및 자체감사결과의 개선권고사항 및 처리현황을 정기적으로 확인하고 있는가?	1. 위험성 평가결과에 대해서 개선하고 있는지 2. 최근의 MOC사항을 알고 있는지 3. 사고원인 파악 및 방지를 위한 노력여부 4. 자체감사결과를 정기적으로 확인하고 처리하는지		A : 빠짐없이 확인함 C : 보통수준 E : 확인 안함	
18	안전작업허가 절차에 대해 잘 알고 있는가?	1. 안전작업허가서의 종류를 알고 있는지 2. 최근에 발행된 허가서의 종류와 내용은		A : 이해력이 우수하고 참여우수 C : 보통수준 E : 알고 있는 사항이 없음	
19	설비의 점검·검사·보수계획, 유지계획 및 지침의 내용에 대해 잘 알고 있는가?	1. 구성 기기의 우선순위 등급을 알고 있는지 2. 점검주기를 설명요함 3. 기기 및 기자재의 품질관리의 기준은 알고 있는가?		A : 구체적으로 잘 알고 있음 C : 보통수준 E : 지침의 내용에 무관심	

안전경영과 근로자 참여 : 현장작업자					
구분	항목	감사판단사항	감사결과내용	평가기준	감사 결과 (점수)
20	업무를 수행할 때 공정안전 자료를 수시로 활용하고 있는가?	1. 자료는 어디에 비치되어 있는가? 2. 최근에 자료를 열람한 내용은 무엇인가? 3. 업무와 관련해서 자료의 내용이 현장과 차이점은 없는가?		A : 수시로 활용하고 적극적 임 C : 보통수준 E : 관심이 저조함	
21	자신이 작업 또는 운전하고 있는 시설에 대해 가동 전 점검 절차를 알고 있는가?	1. 가동전에 해야 할 절차를 설명 2. 운전범위를 벗어났을 때 조치절차를 설명 3. 취급하고 있는 화학물질의 물성과 유해·위험성을 설명		A : 매우 우수함 C : 보통수준 E : 불명확하고 관심이 적음	
22	보고서에 규정된 안전운전절차를 정확하게 숙지하고 있는가?	1. 최초의 시운전 절차를 설명 2. 정상운전 절차를 설명 3. 비상시 운전절차를 설명		A : 완전히 이해하고 답변이 가능 C : 보통수준 E : 관리미흡	
23	공정 또는 설비가 변경된 경우 시운전 전에 변경사항에 대한 교육을 받는가?	1. 변경시행 후 운전개시 전에 관련 사항을 교육 받았는가? 2. 내용을 설명요구		A : 이해력이 우수하고 교육참여 C : 보통수준 E : 알고 있는 사항이 없음	
24	상급자가 자체감사 결과를 설명해 주는가?	1. 자체감사결과에서 문제점은 무엇인가? 2. 정기적으로 교육을 받았는가?		A : 구체적으로 잘 알고 있음 C : 보통수준 E : 내용에 무관심	
25	사업장내 공정사고에 대한 원인을 알고 있는가?	1. 사고의 원인은 무엇인가 2. 대책을 설명		A : 알고 있으며 대책을 수립 C : 보통수준 E : 알고 있는 사항이 없음	
26	자신이 작업 또는 운전하고 있는 시설에 대한 위험성평가 결과를 알고 있는가?	1. 최근의 위험성평가는 언제 실시했는가? 2. 평가결과 위험요인은 무엇인가? 3. 개선계획을 수립 하였는지		A : 구체적으로 잘 알고 있음 C : 보통수준 E : 내용에 무관심	

안전경영과 근로자 참여 : 정비보수작업자(도급업체직원 포함)					
구분	항목	감사판단사항	감사결과내용	평가기준	감사 결과 (점수)
28	안전한 방법으로 유지·보수 작업을 수행할 수 있도록 작업공정의 개요·위험성·안전작업허가절차 등에 대하여 작업 전에 충분한 교육을 받았는가?	1. 정비설비에 대하여 위험성에 대해서 교육받은 내용을 설명 2. 최근에 정비한 설비에 대한 공정개요를 설명		A : 충분한 교육을 받고 있음 C : 보통수준 E : 교육수강의 근거가 없음	
29	화기작업관련 화재·폭발을 막기 위한 안전상의 조치를 잘 알고 있는가?	1. 화기안전허가서의 조치사항을 설명 2. 화재의 3요소는 무엇인가? 3. 취급하고 있는 화학물질의 물성과 유해·위험성을 설명		A : 매우 우수함 C : 보통수준 E : 불명확하고 관심이 적음	
30	밀폐공간 작업 시 유해위험물질의 누출, 근로자중독 및 질식을 막기 위한 안전상의 조치를 잘 알고 있는가?	1. 밀폐공간의 정의를 설명 2. 밀폐작업허가서의 점검항목을 설명 3. 밀폐공간 작업시 측정주기를 알고 있는가?		A : 완전히 이해하고 답변이 가능 C : 보통수준 E : 관리미흡	

안전경영과 근로자 참여 : 도급업체작업자					
구분	항목	감사판단사항	감사결과내용	평가기준	감사 결과 (점수)
31	작업지역 내에서 지켜야 할 안전수칙 및 출입 시 준수해야하는 통제규정에 대해 교육을 받았는가?	1. 정기적으로 교육을 받고 있는가? 2. 최근에 받은 교육내용은 무엇인가 설명 3. 사내통제 규정에 대해서 설명		A : 충분한 교육을 받고 있음 C : 보통수준 E : 교육수강의 근거가 없음	
32	작업하는 공정에 존재하는 중대위험요소에 대해 잘 알고 있는가?	1. 작업하는 공정의 개요를 설명 2. 공정의 중대위험요소는 무엇인가 3. 화재의 3요소는 무엇인가?		A : 매우 우수함 C : 보통수준 E : 불명확하고 관심이 적음	
33	작업 중에 비상사태 발생 시 취해야 할 조치 사항을 알고 있는가?	1. 사업장내의 비상사태의 종류는 무엇인가 2. 비상훈련을 실시하고 있는가? 3. 비상사태 발생 시 해야 할 임무는 무엇인가 사례별로 설명		A : 완전히 이해하고 답변이 가능 C : 보통수준 E : 관리미흡	

안전경영과 근로자 참여 : 안전관리자					
구분	항목	감사판단사항	감사결과내용	평가기준	감사 결과 (점수)
34	PSM에 대한 충분한 지식을 보유하고, 사업장 내의 PSM 추진체계에 대하여 정확하게 이해하고 있는가?	조장/반장의 PSM관심도 파악 - PSM의 12개 항목 답변 - 공정안전자료에는 어떤 자료가 있는가? - 위험성평가의 종류와 차이점은? - 운전계획의 종류는 무엇인가? - 비상조치계획의 필요성은 무엇인가?		A : 구체적이고 확실하게 이해 함 C : 보통수준 E : 관심이 저조함	
35	사업장의 PSM 추진상황에 대하여 수시로 조·반장 및 근로자 등의 의견을 수렴하고 문제점을 발굴하여 경영진에게 보고하는가?	1. 청취방법을 정하고 수집하고 있는가? 2. 자료의 내용을 정리하여 정기적으로 보고하는가? 3. 최근의 보고한 내용은?		A : 실적이 우수함 C : 보통수준 E : 수집 실적이 없음	
36	정비부서 근로자, 도급업체 근로자 등이 공정시설에 대한 설치·유지·보수 등의 작업을 할 때 관련규정의 준수여부를 확인하는가?	1. 외주업체관리지침을 설명 2. 준수여부확인 방법은 무엇인가? 3. 교육을 실시한 이력이 있는가?		A : 빠짐없이 확인함 C : 보통수준 E : 확인 안함	
37	연간 PSM 세부추진 계획을 수립·시행하는 등 PSM전반을 감독할 수 있는 권한을 부여받고 있나?	1. 연간계획수립의 주체는 누구인가? 2. 현장 근로자의 PSM준수에 대한결과를 업무평점에 반영하는 등 권한이 있는가? 3. 생산부서의 감독자에 대한 안전 업무 지시 및 협의의 수준은 높은 상태인가?		A : 생산부서원의 협조가 양호함 C : 보통수준 E : 권한이 없어 업무에 애로가 많음	

3) 서류심사

감사의 종류는 세 가지로 구분할 수 있다. 첫 번째가 면담이고, 두 번째는 서류심사 그리고 마지막으로 현장심사가 있다. 두 번째인 서류심사는 지난 1년간 PSM규정에 의한 사항을 준수하여 실행한 활동에 대한 감사를 진행하는 것으로서 실행결과물을 바탕으로 심사를 진행한다고 할 수 있다. 생산부서에서 PSM활동을 진행하고 규정을 준수하였는데 그 결과물이 작성되어 있지 않다면 감사에서 지적사항으로 되므로, 반드시 실행부서에서는 관련 결과물을 보관하고 파일관리를 정상적으로 하여야 한다.

서류심사는 12대 요소를 기본으로 심사를 진행한다. 각 요소별로 PSM규정에서 제시한 내용을 준수하는지 심사한다. 누락분은 없는지, 서명은 하였는지, 내용이 빠진 부분이 없는지 등을 심사하여 객관적 평가를 진행한다. 다음은 PSM 실행 사항을 확인하기 위한 서류점검표(참고 2)로서 12대 요소의 실행 사항에 대한 감사를 진행한다.

(참고 2) 서류점검표

공정안전자료					
구분	항목	감사판단사항	감사결과내용	평가기준	감사 결과 (점수)
1	사업장에서 사용하고 있는 유해위험물질의 목록이 누락된 물질 없이 정확히 작성되어 있는가?	1. 유해물질목록의 최신본인지 여부 2. 물질구매서와 비교해서 확인 가능		A : 정확히 일치함 C : 보통수준 E : 차이점이 많음	
2	사업장에서 사용하고 있는 유해·위험물질에 대한 물질안전보건자료(MSDS)의 작성, 비치, 교육, 경고표지 등이 적절하게 되었는가?	1. MSDS에 대한 교육실시여부 2. MSDS의 비치장소는 적절한가 3. MSDS가 한글문서로 되어 있는가		A : 매우 우수함 C : 보통수준 E : 불명확하고 관심이 적음	
3	유해·위험설비 및 목록(동력기계, 장치 및 설비, 배관, 안전밸브 등)이 정확히 작성되어 있으며 현장과 일치하는가?	1. 목록의 최신본의 여부 2. 설비 및 목록이 현장과 일치여부		A : 최신본 유지 C : 보통수준 E : 관리미흡	
4	공정흐름도(PFD), 공정배관계장도(P&ID), 유틸리티흐름도(UFD)가 정확히 작성되어 있으며 현장과 일치하는가?	1. 도면의 최신본 확인 2. 설비 변경에 대한 반영여부		A : 현장과 일치 C : 보통수준 E : 현장과 많은 부분에서 상이함	
5	건물·설비의 배치도(가스누출감지경보기 설치계획, 국소배기장치 설치계획 등)가 산업안전보건법령 및 동고시 기준에 따라 작성되어 있으며 현장과 일치하는가?	1. 건물 및 설비의 전체 배치도 변경? 2. 설비 배치도 변경? 3. 철구조물 등의 내화처리 기준 4. 가스감지경보기 설치 계획 및 일치		A : 최신본으로 반영 함 C : 보통수준 E : 불일치 함	
6	폭발위험장소구분도, 전기단선도, 접지계획은 정확히 작성되어 있으며 현장과 일치하는가?	1. 폭발위험장소 구분도 및 방폭설계 기주에 대한 자료일치 여부 2. 전기단선도 변경여부		A : 정확한 기준과 현장일치 함 C : 보통수준 E : 많은 부분에서 불일치	
7	플레어스택, 환경오염물질 처리설비 등이 산업안전보건법령 및 동고시 기준에 따라 작성되어 있으며 현장과 일치하는가?	1. 안전밸브 및 플레어스택을 포함하는 압력방출설비 및 환경오염을 야기하는 배출물의 설계기준 및 명세의 적정 여부 확인 및 현장확인		A : 완전히 일치 함 C : 보통수준 E : 많은 부분에서 불일치	

공정위험성평가

구분	항목	감사판단사항	감사결과내용	평가기준	감사결과(점수)
1	위험성평가 절차가 산업안전보건법령 및 동 고시 기준에 따라 적절하게 작성되어 있는가?	1. 위험성 평가의 목적 2. 공정 위험특성 3. 잠재위험의 종류 등 4. 평가결과에 따른 사고빈도 최소화 및 사고시의 피해 최소화 대책 5. 기법을 이용한 위험성 평가 보고서 6. 위험성 평가 수행자 등의 작성여부		A : 정확히 일치함 C : 보통수준 E : 차이점이 많음	
2	공정 또는 시설 변경 시 변경부분에 대한 위험성 평가를 실시하고 있는가?	1. 변경부분에 대한 위험성 평가를 실시 여부 확인 2. 기법은 적절한지		A : 누락없이 실시함 C : 보통수준 E : 불명확하고 관심이 적음	
3	정기적(4년 주기)으로 공정위험성평가를 재실시하고 있는가?	1. 모든 설비를 대상으로 평가실시여부 2. 기법의 적절성		A : 정기적으로 평가 C : 보통수준 E : 누락부분이 많음	
4	밀폐공간작업, 화기작업, 입·출하작업 등 유해위험작업에 대한 작업위험성평가를 산업안전보건법령 및 동 고시 기준에 따라 실시하였는가?	1. 빠짐없이 작업위험성 평가를 진행하였는지 확인(선택적 확인) 2. 기법은 적절한지		A : 정확하게 실시 C : 보통수준 E : 많은 부분에서 누락 됨	
5	유해위험작업에 대한 작업위험성평가를 정기적으로 실시하고 있는가?	1. 정기적으로 실시여부 2. 연간 실시 횟수 3. 참여자의 적절성 확인		A : 정기적으로 실시 함 C : 보통수준 E : 많은 부분에서 누락 됨	
6	위험성평가 결과 위험성은 적절하게 발굴하였는가?	1. 빈도와 강도의 적절성 2. 참여인력의 적절성 3. 개선사항 실천반영		A : 적절하게 발굴 함 C : 보통수준 E : 빈도 강도의 적용이 잘못 됨	
7	위험성평가 기법 선정은 적절한가?	1. 작업특성에 맞게 선정하였는가? 2. 화학공정설비에서의 평가기법의 적절성 확인		A : 적절함 C : 보통수준 E : 기법의 특성과 상이한 설비임	

8	위험성평가에 적절한 전문인력, 현장 근로자 등이 참여하는가?	1. 위험성 평가 전문가 2. 설계 전문가 3. 공정운전 전문가 및 근로자참여		A : 참여가 활발함 C : 보통수준 E : 자체적으로 실시	
9	위험성평가결과 개선조치사항은 개선완료 시까지 체계적으로 관리되는가?	1. 개선조치사항을 추적하여 그 결과를 확인 2. 조치 예정일을 준수하는지		A : 체계적으로 관리되고 있음 C : 보통수준 E : 불명확하고 관심이 적음	
10	정성(定性)적 위험성평가를 실시한 결과 위험성이 높은 구간에 대해서는 정량(定量)적 위험성평가를 실시하는가?	위험을 확인후 정량적 평가를 실시 하여 피해예측작업을 실시하는지 여부		A : 정량적으로 평가 C : 보통수준 E : 누락부분이 많음	
11	단위공장별로 최악의 사고 시나리오와 대안의 사고 시나리오를 작성하였는가?	단위공장별로 인화성가스·액체에 따른 화재·폭발 및 독성물질 누출사고에 대하여 각각 1건의 최악의 사고 시나리오와 각각 1건 이상의 대안의 사고 시나리오를 선정하여 정량적 위험성평가(피해예측)를 실시한 후 그 결과를 별지 작성하고 사업장 배치도 등에 표시하고 있는지 여부		A : 시나리오의 발굴이 활발함 C : 보통수준 E : 시나리오의 피해예측이 없음	
12	위험성평가시 과거의 중대산업사고, 공정사고, 아차사고 등의 내용을 반영하였는가?	1. 아차사고에 대해서도 평가의 실시여부 2. 모든 사고를 반영하여 평가여부		A : 정기적으로 실시 함 C : 보통수준 E : 많은 부분에서 누락 됨	
13	위험성 평가결과를 해당 공정의 근로자에게 교육시키는가?	1. 교육실적을 확인 함 2. 교육성과를 측정하고 있는지 여부		A : 정기적으로 교육함 C : 보통수준 E : 교육실적이 없음	

안전운전지침과 절차					
구분	항목	감사판단사항	감사결과내용	평가기준	감사 결과 (점수)
1	안전운전절차서 작성 지침이 산업안전보건법령, 동 고시 및 공단 기술지침을 참조하여 적절하게 작성되어 있는가?	1. 운전절차에는 각 운전공정 및 설비별 운전 조건 범위가 명확히 기술되었는지 확인 2. 운전자의 담당 설비, 운전분야 및 운전자의 운전위치가 분명하게 기술되었는지 확인 3. 사업장 안전보건총괄책임자는 매년 현재의 운전절차가 현재의 설비와 일치되게 작성되었고 안전하게 운전할 수 있는 절차임을 검토하여 확인하고 그 결과를 서면으로 기록하여 보관하고 있는지 여부		A : 정확히 일치함 C : 보통수준 E : 차이점이 많음	
2	운전절차서는 취급 물질의 물성과 유해·위험성, 누출 예방조치, 보호구착용법, 노출 시 조치요령 및 절차, 안전설비계통의 기능·운전방법·절차 등의 내용이 포함되어 있는가?	1. 화학물질의 물성과 유해·위험성 2. 위험물질 누출 예방 조치 3. 개인보호구 착용방법 4. 위험물질에 폭로시의 조치요령과 절차 5. 안전설비 계통의 기능·운전방법 및 절차 등이 작성되어 있는지 여부		A : 모든 사항이 포함 됨 C : 보통수준 E : 불명확하고 누락되어 있음	
3	운전절차서는 최초의 시운전, 정상운전, 비상시 운전, 정상적인 운전정지, 비상정지, 정비 후 운전개시, 운전범위를 벗어난 경우 등을 구체적으로 포함하고 있는가?	1. 최초의 시운전 2. 정상운전 3. 비상시 운전 4. 정상적인 운전 정지 5. 비상정지 6. 정비 후 운전 개시 7. 운전범위를 벗어났을 경우 조치 절차 등이 작성되어 있는지 확인		A : 모든 사항이 포함 됨 C : 보통수준 E : 불명확하고 누락되어 있음	
4	운전절차서는 운전원이 쉽게 이해할 수 있도록 작성되어 있는가?	1. 절차서의 내용이 쉽고 이해하기 쉬운 정도를 확인함 2. 그림이나 사진을 첨부하여 관리여부		A : 사진이나 그림을 사용 C : 보통수준 E : 이해하기 어려움	

5	안전운전 절차서는 공정안전자료와 일치하는가?	1. 안전운전 절차서의 기기번호와 각종 도면상의 번호가 일치하는지? 2. 공정배관장치도(P&ID) 상의 설비를 지정하여 절차서에 기록된 번호와 일치하는지 확인		A : 최신본으로 반영 함 C : 보통수준 E : 불일치 함	
6	연동설비의 바이패스 절차를 작성 · 시행하고 있는가?	1. 바이패스절차서의 유무를 확인 2. 과거 바이패스 실시 이력을 확인 3. 작업자가 절차를 암기하고 있는지?		A : 정확한 기준과 현장일치 함 C : 보통수준 E : 시행한 이력이 없음	
7	변경요소관리 등 사유 발생 시 지침과 절차의 수정은 이루어지고 있는가?	1. 변경사항을 확인하고 절차의 수정이력 확인 2. 변경요소가 발생한 경우 각종 도면과 절차서의 내용이 적절하게 반영되었는지 확인		A : 완벽하게 수정이 되고 있음 C : 보통수준 E : 관리미흡	
8	안전운전지침과 절차 변경 시 근로자 교육은 적절히 이루어지고 있는가?	1. 변경이력을 확인하고 교육 일지를 확인하여 판단 2. 교육 후 교육의 성과를 평가하였는지 확인		A : 평가를 포함하여 교육 함 C : 보통수준 E : 누락 됨	

설비의 점검·검사·보수 계획, 유지계획 및 지침

구분	항목	감사판단사항	감사결과내용	평가기준	감사결과(점수)
1	설비의 점검·검사·보수 및 유지지침이 산업안전보건법령, 동 고시 및 공단 기술지침을 참조하여 적절하게 작성되어 있는가?	1. 목적 2. 적용범위 3. 구성 기기의 우선순위 등급 4. 기기의 점검 5. 기기의 결함관리 6. 기기의 정비 7. 기기 및 기자재의 품질관리 8. 외주업체 관리 9. 설비의 유지관리 등 서류 확인		A : 작성근거가 확실함 C : 보통수준 E : 차이점이 많음	
2	설비의 점검·검사·보수 계획, 유지계획에 따라 예방점검 및 정비·보수를 시행하고 있는가?	1. 연간 보수계획 수립여부 2. 연간 점검계획의 수립여부 3. 정비 및 점검이력대장 확인 4. 점검절차를 규정화하고 있는지 확인		A : 계획에 의거 시행 함 C : 보통수준 E : 불명확하고 누락되어 있음	
3	부속설비(배관, 밸브 등)와 전기계장설비(MCC, 계기, 경보기 등)에 대한 점검·검사·보수 계획, 유지계획이 작성되어 시행되고 있는가?	1. 계획목록에 부속설비(배관, 밸브 등)와 전기계장설비(MCC, 계기, 경보기 등이 있는지 확인 2. 계획의 실행여부확인		A : 모든 사항이 포함 됨 C : 보통수준 E : 불명확하고 누락되어 있음	
4	비상가동정지 및 플레어스택 부하(Flare load) 관련 SIS(안전계장시스템) 설비는 별도로 적절하게 관리되고 있는가?	1. 연간 설비의 관리 계획에 비상가동정지 및 플레어스택 부하(Flare load) 관련 SIS(안전계장시스템) 설비가 포함되고 있는지 확인 2. 계획의 실행여부확인		A : 적절하게 관리되고 있음 C : 보통수준 E : 관리이력이 없음	
5	위험설비의 유지·보수에 참여하는 근로자들에게 공정개요 및 위험성, 안전한 유지·보수작업을 위한 작업절차 등에 대하여 교육을 실시하는가?	1. 교육일지를 확인하여 공정개요 및 위험성, 안전한 유지·보수작업을 위한 작업절차 등에 대하여 교육을 실시하고 있는지 확인 2. 교육 후 에는 평가의 실시 여부를 확인 함		A : 모든 사항에 대하여 교육실시 C : 보통수준(평가미실시) E : 교육실시 근거가 없음	
6	공정조건, 위험성평가 등을 고려한 중요도에 따라 위험설비의 등급을 구분하고, 이에 따라 점검 및 검사주기를 결정하여 관리하고 있는가?	1. 위험설비의 등급을 구분하는데 위험성평가를 고려하였는지 확인 2. 등급에 따라서 점검 및 검사주기를 정하고 있는지 확인		A : 평가결과를 반영 함 C : 보통수준 E : 반영근거가 없음	

7	각 설비에 대한 검사기록을 관리하고 있는가?	1. 검사결과의 실적을 확인함 2. 검사기록을 보관기한을 준수하는지 3. 검사결과를 활용하여 업무를 추진하는 이력이 있는지		A : 모든 사항이 포함 됨 C : 보통수준 E : 불명확하고 누락되어 있음	
8	설비의 잔여수명을 관리하여 수명이 다한 설비를 적절한 시기에 교체하거나 적절한 조치를 취하는가?	1. 설비의 잔여수명을 정하여 관리(조치포함)하는지 여부 2. 수명을 정하지 않은 설비의 관리는 적절한 계획을 수립하여 실행하는 지		A : 모든 사항이 포함 됨 C : 보통수준 E : 불명확하고 누락되어 있음	
9	구매 사양서에 기기의 품질을 확보하기 위한 재료의 최소두께, 비파괴검사, 열처리 및 수압시험을 하도록 규정하고 있는가?	1. 구매사양서의 양식을 확인 함 2. 규정내용이 적절한지 확인 3. 규정의 근거를 확보하고 있는지		A : 모든사항이 포함됨 C : 보통수준 E : 포함여부를 알 수 없음	
10	설계사양과 제작자 지침에 따라 장치 및 설비가 올바르게 설치되었는지를 확인하기 위한 절차를 마련하여 시행하고 있는가?	1. 해당절차가 있는지 확인 2. 절차의 내용이 구체적이고 활용하기 편리한지를 확인 3. 점검 또는 검사를 통하여 올바른 설치여부를 확인하고 있는지 여부		A : 절차서를 작성하고 활용함 C : 보통수준 E : 절차서가 없음	
11	각 기기별로 유지·보수에 필요한 예비품 목록을 관리하고 있는가?	1. 위험설비를 정비하는데 필요한 정비·자재·예비부품을 확보하는지 장부 또는 전산을 통해 확인		A : 목록대장을 활용하여 관리 함 C : 보통수준 E : 목록관리사항이 없음	
12	설비의 정비이력을 기록·관리하고 이를 분석하여 예방정비에 활용하고 있는가?	1. 정비일지를 작성하고 활용하는가? 2. 정비일지보관기간은 적절한가? 3. 정비후 설비의 유지관리를 위하여 예방점검을 수립하는 경우에 정비이력을 활용하고 있는가? 4. 예정비에 활용하고 있는 근거는 있는가?		A : 기록관리 및 활용정도 양호 C : 보통수준 E : 활용한 이력이 없음	

안전작업허가 및 절차

구분	항목	감사판단사항	감사결과내용	평가기준	감사 결과 (점수)
1	안전작업허가지침이 산업안전보건법령, 동 고시 및 공단 기술지침을 참조하여 적절하게 작성되어 있는가?	1. 목적 2. 적용범위 3. 안전작업허가의 일반사항 4. 안전작업 준비 5. 화기작업 허가 6. 일반위험작업 허가 7. 밀폐공간 출입작업 허가 8. 정전작업 허가 9. 굴착작업 허가 10. 방사선 허가		A : 작성근거가 확실함 C : 보통수준 E : 차이점이 많음	
2	위험작업을 수행 할 경우 안전작업허가서를 발행하고 있는가?	1. 허가서 발행이력을 작업일지를 확인 2. 현장 점검중 작업을 하고 있는 경우 허가서 확인		A : 계획에 의거 시행 함 C : 보통수준 E : 발행이력이 없음	
3	안전작업허가서를 작성 및 승인할 때 필요한 모든 제반사항을 반드시 확인하는가?	1. 안전작업 전에 안전작업 관리책임자는 안전상의 조치를 취하고 있으며, 안전작업 허가책임자는 이를 확인한 후에 안전작업허가서의 발급여부 2. 안전작업허가서에 허가일시와 안전작업일시가 명확히 기재되고 있는지 여부 3. 해당 작업에 대한 절차서가 마련되어 있지 않은 경우에는 반드시 작업 전 위험성평가를 통하여 절차서를 마련하고 그 내용을 작업자에게 교육실시 후 작업을 수행하여야 한다.		A : 모든 사항이 포함 됨 C : 보통수준 E : 불명확하고 누락되어 있음	
4	안전작업허가서는 보관기간을 정하여 유지·관리하고 있는가?	1. 지침에 보관기간을 정했는지 2. 실제 허가서를 확인하여 전년도 확인 3. 허가서의 양식이 최신본을 사용하는지 (P-94-2017)		A : 최신본이며 보관기간이 정해지고 관리함 C : 보통수준 E : 보관기간 미 지정	
5	안전작업허가서에는 해당 작업과 관련이 있는 모든 관련 책임자의 허가를 받도록 하고 있는가?	1. 결재단계를 확인 2. 서명이 누락되어 있는지 확인 3. 해당항목에 확인표시를 하였는지		A : 모든 결재단계가 양호함 C : 보통수준 E : 상당부분 누락되어 있음	

6	화기작업 시 작업대상 내 인화성가스 농도측정, 배관계장도 검토를 통한 맹판설치, 밸브차단 등의 필수조치는 빠짐없이 이루어졌는가?	1. 체크항목이 있는지 확인 2. 작업내용을 고려하여 체크항목이 빠짐없이 체크되었는지 확인, 3. 허가서 첨부문서에 맹판설치, 밸브차단 관련 배관계장도를 첨부하였는지		A : 모든 항목에 확인을 실시함 C : 보통수준 E : 도면이 첨부되지 않고 조치사항이 많은 부분에서 누락 됨	
7	입조작업 시 작업대상 내 산소농도측정, 유해가스농도측정, 배관계장도 검토를 통한 맹판설치·밸브차단 등의 필수조치가 빠짐없이 이루어졌는가?	1. 체크항목이 있는지 확인 2. 작업내용을 고려하여 체크항목이 빠짐없이 체크되었는지 확인, 3. 허가서 첨부문서에 맹판설치, 밸브차단 관련 배관계장도를 첨부하였는지 4. 산소측정은 필요시마다 규정에 의거 실시하고 있는지		A : 모든 항목에 확인을 실시함 C : 보통수준 E : 도면이 첨부되지 않고 조치사항이 많은 부분에서 누락 됨	
8	굴착작업 허가 시 지하매설물을 확인하기 위한 절차가 마련되어 실행하고 있는가?	1. 지하매설물 확인방법을 규정에서 확인 함 2. 지하매설물 확인 대상은 적절하게 관리되고 있는지 확인 3. 소화배관, 고압전선관, 공정간의 매설배관, 일반(방식용, 전화선, 접지선, 계측선로) 배관		A : 모든 절차가 규정 됨 C : 보통수준 E : 불명확하고 누락되어 있음	

도급업체안전관리					
구분	항목	감사판단사항	감사결과내용	평가기준	감사 결과 (점수)
1	사업주는 도급업체 사업주에게 도급업체 근로자들이 작업하는 공정에서의 누출·화재 또는 폭발의 위험성 및 비상조치계획 등을 제공하는가?	1. 정보제공의 근거 2. 정보제공의 내용을 확인 3. 제공의 주기는		A : 작성근거가 확실함 C : 보통수준 E : 차이점이 많음	
2	사업주는 도급업체 선정시 안전보건 분야에 대한 평가를 실시하고 그에 적정한 도급업체를 선정하는 지?	1. 선정기준이 규정되어 있는지 확인 2. 평가를 실시한 근거제시 3. 선정된 업체의 점수는 어떻게 되는가?		A : 계획에 의거 시행함 C : 보통수준 E : 활용근거가 없음	
3	도급업체 사업주는 도급업체 근로자들의 질병·부상 등 재해발생 기록을 관리하는가?	1. 도급업체의 서류를 확인하고 있는지 확인 2. 최근에 발생한 사고에 대한 기록의 작성유무		A : 모든 사항이 포함됨 C : 보통수준 E : 불명확하고 누락되어 있음	
4	도급업체 사업주는 도급업체 근로자들에게 필요한 직무교육을 실시하고 기록을 유지하고 있는가?	1. 도급업체의 사업주가 근로자들에게 필요한 직무교육을 실시하고 기록을 유지하는지 확인하고 있는지 2. 기록하고 있는지 확인일지를 요구		A : 적정하게 유지하고 있음 C : 보통수준 E : 근거서류 없음	
5	사업주는 도급업체(정비·보수) 작업에 대해 위험성평가를 실시하고 그 결과를 근로자에게 알려주는가?	1. 작업 위험성평가를 실시하였는지 확인 2. 도급업체에 대한 교육내용을 확인		A : 평가를 실시하고 교육함 C : 보통수준 E : 상당부분 누락되어 있음	
6	사업주는 위험설비의 유지·보수작업에 참여하는 도급업체 근로자들에게 공정개요, 취급 화학물질 정보, 안전한 유지·보수작업을 위한 작업절차 등에 대하여 교육을 실시하는가?	1. 해당작업을 실시하기 전에 교육실시의 확인을 교육일지를 통해 확인 2. 교육내용이 요구사항과 일치하는지 확인 3. 작업절차에 대하여 교육실시 여부		A : 모든 항목이 적절함 C : 보통수준 E : 관련서류가 없음	
7	사업주는 도급업체 근로자 등이 공정 시설에 대한 설치·유지·보수 등의 작업을 할 때 필요한 위험물질 등의 제거, 격리 등의 조치를 완료한 후에 작업허가서를 발급하고 있는가?	1. 문서에 작업허가서의 내용을 확인하여 해당 항목이 기술되어 있는지 확인 2. 발행허가서를 확인		A : 모든 항목에 확인을 실시함 C : 보통수준 E : 도면이 첨부되지 않고 조치사항이 많은 부분에서 누락됨	

8	사업주는 도급업체 근로자 등이 공정시설에 대한 설치·유지·보수 등의 작업을 할 때 관련 규정의 준수여부를 확인하는가?	1. 협력업체의 출입안전절차 준수 여부 2. 협력업체 근로자의 교육 실적 및 내용 등을 관련 서류를 통하여 확인 3. 사업주가 도급업체의 수행할 작업에 대하여도 안전운전지침 및 절차를 규정화하고 도급업체 작업자가 이를 준수토록 감독하는지 여부		A : 모든 항목이 적절함 C : 보통수준 E : 관련서류가 없음	
9	사업주는 도급업체 근로자들이 작업하는 공정 등에 대해서 주기적인 점검(순찰)을 실시하고 문제점을 지적, 개선하는가?	1. 도급업체 사업주가 2일에 1회 이상 현장을 순회점검의 실시여부를 확인 2. 사업주의 순회점검기록일지 및 관련규정을 확인 3. 공정에 대하여 문제점을 지적, 개선하고 있는지 서류를 확인		A : 모든 항목이 적절함 C : 보통수준 E : 관련서류가 없음	
10	사업주는 도급업체 사업주, 근로자의 안전보건에 대한 의견을 주기적으로 확인하고 문제점이 있는 것에 대해서 조치를 하는가?	1. 의견을 수집한 근거 서류를 확인 2. 의견을 반영하여 조치사항이 있는지 확인 3. 협력사와의 회의 내용확인		A : 모든 항목이 적절함 C : 보통수준 E : 관련서류가 없음	

공정운전에 대한 교육 · 훈련

구분	항목	감사판단사항	감사결과내용	평가기준	감사 결과 (점수)
1	공정안전과 관련된 근로자의 초기 및 반복교육을 실시하고 그 결과를 문서화하여 관리하는가?	1. 문서를 확인하여 교육규정유무 확인 2. 신입사원 교육일지확인 3. 정기교육일지 확인		A : 작성근거가 확실함 C : 보통수준 E : 관련내용의 일지가 없음	
2	연간 교육계획을 수립하여 시행하는가?	1. 교육계획 확인 2. 교육내용의 적절성 확인(PSM관련) 3. 계획과 실행 일치여부 확인		A : 계획에 의거 시행 함 C : 보통수준 E : 계획의 내용이 부실함	
3	신규 및 보직 변경 근로자에 대하여 안전운전지침서 등에 대한 현장직무(OJT) 교육을 실시하는 지	1. 지침서의 교육내용확인 2. 교육실시후 평가과정의 진행여부 3. 사업장에서 최소한 3년마다 1회 이상 교육을 실시하고 있으며, 교육 시 마다 해당 공정운전 능력이 충분함을 확인하고 있는지 여부		A : 모든 사항이 포함 됨 C : 보통수준 E : 불명확하고 누락되어 있음	
4	공정안전교육에 설비 전 공정에 관한 공정안전자료, 공정위험성평가서 및 잠재위험에 대한 사고예방 피해최소화 대책, 안전운전절차 및 비상조치계획 등이 포함되어 있는가?	1. 교육내용을 해당항목과 비교하여 확인 2. 교육자료에 공정관련도면을 활용하고 있는지 3. 공정운전원이 충분한 교육과 훈련을 통하여 공정운전에 관한 지식과 기술 그리고 충분히 안전하게 운전할 능력을 갖추었음을 확인하고 해당 공정운전 자격을 부여하고 있는지 여부		A : 적정하게 유지하고 있음 C : 보통수준 E : 근거서류 없음	
5	관련 지침에 명시된 대로 교육누락자 또는 교육성과 미달자 등에 대한 재교육을 실시하고 있는가?	1. 교육성과의 측정을 실시하고 있는지 2. 교육미달자의 기준이 있는지 3. 재교육 여부 확인		A : 평가를 실시하고 교육함 C : 보통수준 E : 상당부분 누락되어 있음	

6	교육강사는 교육생, 교육내용 등에 맞게 적절하게 선정되었는가?	1. 지침에 강사의 기준이 규정되어 있는지 2. 강사는 지침에서 요구하는 기준을 충족하는지 서류확인 3. 외부강사의 활용도는 충분한지		A : 모든 항목이 적절함 C : 보통수준 E : 관련서류가 없음	
7	안전관리자 등은 공정안전보고서 작성자 자격을 위한 교육을 이수하였는가?	1. 안전관리자의 교육이수 여부확인 2. 안전관리팀원의 외부교육이수 실적은 우수한가?		A : 다수의 팀원이 교육 이수 함 C : 보통수준 E : 이수하지 않음(이수자 퇴사)	

가동전 점검지침

구분	항목	감사판단사항	감사결과내용	평가기준	감사 결과 (점수)
1	가동전점검 지침이 산업안전보건법령, 동 고시 및 공단 기술지침을 참조하여 작성되어 있는가?	1. 목적 2. 적용범위 3. 점검팀의 구성 4. 점검시기 5. 점검표의 작성 6. 점검보고서 7. 점검결과의 처리		A : 작성근거가 확실함 C : 보통수준 E : 많은 부분이 누락됨	
2	변경요소관리등 사유 발생시 가동전 점검을 하고 있는가?	1. 가동전점검실시여부 2. 점검팀의 구성의 적절성여부 3. 설비의 설치공사가 설치 기준 또는 사양에 따라 설치되었는지의 확인 여부		A : 규정을 준수하여 점검실시 C : 보통수준 E : 근거 서류가 없음	
3	가동전점검표가 해당공정에 맞게 산업안전보건법령, 동 고시 및 공단 기술지침을 참조하여 선정되었는가?	1. 기술지침을 참고하여 작성여부 2. 설계 및 설치기준이 작성되었는지 여부 3. 점검표의 점검항목의 정상 체크여부		A : 모든 사항이 포함됨 C : 보통수준 E : 불명확하고 누락되어 있음	
4	가동전점검 결과 개선항목이 적절하게 발굴되었는가?	1. 적절하게 발굴하고 있는가? 2. 분야별로 적정확인여부 3. 발굴을 의도적으로 축소하였는지 여부		A : 정상적으로 포함됨 C : 보통수준 E : 근거서류 없음	
5	가동전 점검시 지적된 사항들을 개선항목(Punch List)으로 작성하여 시운전까지 개선하는가?	1. 개선항목을 작성하였는지 2. 펀치리스트 "A,B"로 구분하여 작성여부 3. 개선 확인 후 시운전여부		A : 모두 포함됨 C : 보통수준 E : 많은 부분이 누락됨	
6	실행계획서에 의해 개선항목이 이행되었는가?	1. 계획서의 적정양식 사용여부 2. 전문인력의 참여여부 3. 신설 또는 변경된 공정이나 설비의 운전절차에 대한 운전원의 교육·훈련과 이를 숙지하고 있는지의 확인 여부		A : 모든 항목이 적절함 C : 보통수준 E : 현장이 없고 교육적 해결사항만 있음	

공정사고조사

구분	항목	감사판단사항	감사결과내용	평가기준	감사결과(점수)
1	공정사고조사지침은 산업안전보건법령, 동 고시 및 공단 기술지침을 참조하여 작성되어 있는가?	1. 목적 2. 적용범위 3. 공정사고 조사팀의 구성 4. 공정사고 조사 보고서의 작성 5. 공정사고 조사 결과의 처리		A : 작성근거가 확실함 C : 보통수준 E : 많은 부분이 누락 됨	
2	사고조사 시 아차사고를 포함하여 사고조사를 실시하고 있는가?	1. 실제 사고발생 여부 확인 2. 사고인 경우 사고조사보고서를 기준과 확인 3. 무사고 경우 아차사고를 발굴하여 조사를 규정대로 실시여부 확인		A : 다수의 아차사고조사를 실시 C : 보통수준 E : 근거 서류가 없음	
3	사고조사는 가능한 신속하게 적어도 24시간 이내에 시작하도록 규정하고 있는가?	1. 즉시 시작하도록 규정되었는지? 2. 늦어도 24시간 이내를 알고 있는지 질문 3. 24시간 이내 작성규정 확인 4. 사고조사를 실시한 경험은?		A : 모든 사항이 포함 됨 C : 보통수준 E : 불명확하고 누락되어 있음	
4	공정사고조사팀에는 사고조사 전문가 및 사고와 관련된 작업을 하는 근로자(도급업체 근로자 포함)가 포함되는가?	1. 사고조사반은 사고가 발생된 공정을 잘 알고 있는 공정 담당자, 사고를 조사하고, 분석할 수 있는 기술지식과 실무경험을 가지고 있는 기술자 및 사고 조사에 풍부한 지식과 경험을 가진 외부 전문가 중 **2인 이상**이 포함되는가? 2. 조사팀 구성 관련 규정을 확인 3. 관련 작업자의 참여 여부		A : 정상적으로 포함 됨 C : 보통수준 E : 근거서류 없음	
5	사고조사 보고서에는 필요한 세부사항이 포함되어 있는가?	1.사고발생 일시 및 장소 2.사업장 개요 3.재해자 인적사항 4.사고 개요 5.사고물질 6.사고발생 설비 7. 사고발생 공정 및 운전상황 8.사고원인 9. 피해 상황 10.비상대응 실시 11.사고교훈 및 동종재해 예방대책 12. 첨부자료		A : 모두 포함 됨 C : 보통수준 E : 많은 부분이 누락됨	

6	재발방지대책이 기술적, 관리적, 교육적 대책 등이 적절하게 작성되어 있는가?	1. 3요소 내용 확인 2. 사고조사 보고서에 사고와 관련이 있는 공정운전 전문가의 최종 확인여부 3. 개선 및 방지대책 수행 책임부서 전문가의 최종적으로 검토·확정하고 있는지 여부		A : 모든 항목이 적절함 C : 보통수준 E : 현장이 없고 교육적 해결사항만 있음	
7	재발방지대책의 개선계획이 적절하게 작성되어 개선 완료되었는가?	1. 절차에 따라 계획서를 작성하였는가? 2. 조치계획을 수립하였는가? 3. 일정에 따라 완료하였는가? 4. 일정이 지연되는 경우 적절하게 사유서를 작성하고 추진하고 있는가? 5. 개선 완료보고서는 작성하였는가? 6. 개선해야 할 사항과 재발방지 대책을 수행하기 위하여 책임부서를 지정?		A : 문서화 및 개선계획 수립·실행함 C : 보통수준 E : 관련 실적 및 서류가 없음	
8	사고조사보고서, 재발방지대책 등의 내용을 근로자에게 알려주고 교육을 실시하는가?	1. 교육일지 확인하여 교육 여부 확인 2. 교육의 성과는 측정하였는지? 3. 5년 이내의 보고서를 확인하고 교육실시 여부 확인		A : 교육확인 및 평가 C : 보통수준 E : 관련 근거 부족	
9	사고조사 보고서를 5년 이상 보관하는가?	1. 5년 이상의 문서 보존확인 2. 사고 조사보고서에서 지적되고 권고된 개선사항들은 반드시 검토되어 시행하였는지 확인		A : 5년 이상 보존 C : 보통수준 E : 근거 자료 부족	

변경요소관리: (사업장이 제조공정에서 취급되는 화학물질의 변경이나 제조공정의 변경, 장치 및 설비의 주요구조 변경 또는 각종 운전·작업 절차의 변경이 있을 경우)

구분	항목	감사판단사항	감사결과내용	평가기준	감사결과(점수)
1	변경요소관리지침이 산업안전보건법령, 동 고시 및 공단 기술지침을 참조하여 작성되어 있는가?	1. 목적 2. 적용범위 3. 변경요소 관리의 원칙 4. 정상변경 관리절차 5. 비상변경 관리절차 6. 변경관리위원회의 구성 7. 변경시의 검토항목 8. 변경업무분담 9. 변경에 대한 기술적 근거 10. 변경요구서 서식 등		A : 작성근거가 확실함 C : 보통수준 E : 많은 부분이 누락 됨	
2	변경요소관리 사항은 빠짐없이 변경요소관리 절차에 따라 처리되었는가?	1. 도면과 현장의 차이점에서 변경요소 발견 2. 공사일지를 확인하여 설비추가 또는 변경작업의 실시 유무확인 3. 동력기계목록이 개정된 경우 확인필요 4. 변경절차를 정상적으로 수행했는지 지침과 실행서류를 확인 5. 변경관리에 대한 자체감사를 실시하였는가?		A : 절차에 따라 실행함 C : 보통수준 E : 지침과 많은 차이점이 있음	
3	변경 요구서에 필요한 사항이 기재되어 있고, 기술적으로 충분한 근거를 제시하고 있는가?	1. 변경계획에 대한 공정 및 설계의 기술 근거 2. 변경의 개요와 의견(도면 또는 스케치, 기타 첨부 서류) 3. 공정안전 확보를 위한 대책 4. 안전운전에 필요한 사항 및 신뢰성 향상 효과		A : 모든 사항이 포함 됨 C : 보통수준 E : 불명확하고 누락되어 있음	
4	모든 변경사항을 목록화 하여 관리하고 있는가?	1. 변경사항에 대한 목록의 유무 2. 전산저장의 경우에도 출력 또는 화면상으로 확인		A : 목록화 되어 있음 C : 보통수준 E : 근거서류 없음	
5	변경 내용을 운전원, 정비원, 도급업체 근로자 등에게 정확하게 알려 주고 시운전전에 충분한 교육을 실시하는가?	1. 변경일 이후에 교육일지를 확인 2. 시운전일지를 확인하여 교육이 사전에 실시되었는지 확인 3. 교육성과를 측정하였는지		A : 교육실시 후 성과 측정 C : 보통수준 E : 관련 자료의 누락	

6	변경관리위원회는 산업안전보건법령, 동 고시 및 공단 기술지침을 참조하여 구성되고 운영되고 있는가?	1. 변경관리위원회는 공정기술자, 정비기술자 및 운전기술자 등 3인을 필수위원으로 구성하였는지? 2. 변경 규모 및 대상 등에 따라 기계기술자, 전기기술자 또는 계장기술자등을 추가하였는지? 3. 변경관리위원회는 1,2차 검토를 시행하였는지? 4. 필요한 경우 별도의 전문가 검토를 실행하였는지?		A : 모든 항목이 적절함 C : 보통수준 E : 관련서류가 없음	
7	변경시 공정안전자료의 변경이 수반될 경우에 이들 자료의 보완이 즉시 이행되고 있는가?	1. 변경관리 후에는 필요한 관련 서류를 일정기간 보존하고, 공정흐름도 및 배관·계장도면 등 공정 변경관련 자료는 주기적으로 보완(As-built)하였는지? 2. 변경관리목록과 자료보완(운전절차서, 작업절차서등)을 비교하여 확인		A : 즉시 자료보완이 진행됨 C : 보통수준 E : 관련서류가 없음	

자체감사					
구분	항목	감사판단사항	감사결과내용	평가기준	감사결과(점수)
1	자체감사 지침이 산업안전보건법령, 동 고시 및 공단 기술지침을 참조하여 작성되어 있는가?	1. 목적 2. 적용범위 3. 감사계획 4. 감사팀의 구성 5. 감사 시행 6. 평가 및 시정 7. 문서화 등		A : 작성근거가 확실함 C : 보통수준 E : 많은 부분이 누락 됨	
2	1년마다 자체감사를 실시하고 그 결과를 문서화하고 있는가?	1. 자체감사 실시여부 확인 2. 3년 이내의 감사보고서 보유 여부 3. 중대재해 발생 또는 사회의 물의를 일으키거나 발생할 우려가 있는 경우에 특별감사를 실시하였는지?		A : 계획에 의거 시행 함 C : 보통수준 E : 근거 서류가 없음	
3	자체감사팀에는 공정설계 또는 공정기술자, 계측제어, 전기 및 방폭기술자, 검사 및 정비기술자, 안전관리자 등 전문가가 참여하는가?	1. 감사팀의 구성이 적절한가? 2. 지침에서 정하는 감사요원의 자격과 비교하여 확인 3. 감사요원 관리 대장이 있는가?		A : 모든 사항이 포함 됨 C : 보통수준 E : 불명확하고 누락되어 있음	
4	자체감사 내용에 PSM 12개 요소 등이 포함되는 등 적절한가?	1. 12 요소의 내용이 포함되어 있는지 확인 2. 교육실시 후 성과를 교육별로 측정하였는지?		A : 정상적으로 포함 됨 C : 보통수준 E : 근거서류 없음	
5	자체감사의 방법은 서류, 현장 확인, 면담 등의 방법을 모두 활용하는가?	1. 면담, 서류 및 현장을 감사하였는가? 2. 면담대상자가 계층별로 빠짐없이 선발 되었는가? 3. 현장은 누락되는 부서가 없이 실시하였는가?		A : 3가지 모두 적절하게 진행됨 C : 보통수준 E : 면담에 계층별 대상이 부족함	
6	자체감사 결과 도출된 문제점은 적절한가?	1. 도출된 문제점이 서류나 지식의 부족등 평이한 내용인지? 2. 교육으로 해결되는 사항으로만 도출 했는지? 3. 현장에서의 발굴 건수가 충분한가?		A : 모든 항목이 적절함 C : 보통수준 E : 현장이 없고 교육적 해결사항만 있음	

7	자체감사 결과 도출된 문제점을 문서화하고 개선계획을 수립하여 시행하였는가?	1. 절차에 따라 결과서를 작성하였는가? 2. 조치계획을 수립하였는가? 3. 일정에 따라 완료하였는가? 4. 일정이 지연되는 경우 적절하게 사유서를 작성하고 추진하고 있는가? 5. 개선 완료보고서는 작성하였는가? 6. 1년 이내로 조치하였는가?		A : 문서화 및 개선계획 수립·실행함 C : 보통수준 E : 관련 실적 및 서류가 없음	
8	자체감사 결과보고서를 경영층에 보고하고, 세부내용을 전 근로자에 알려주는가?	1. 결과보고서 승인여부 확인 2. 교육일지 확인하여 교육 및 게시여부 확인		A : 보고 및 승인 C : 보통수준 E : 관련 근거 부족	
9	감사결과 및 개선내용을 문서화한 보고서를 3년 이상 보존하면서 정도관리를 하고 있는가?	1. 3년 이내의 문서 보존확인 2. 감사의 방법, 인원, 시기 및 절차등에 대하여 지속적으로 분석하여 그 효과를 파악하고 감사의 전반에 대하여 연구를 수행하고 있는가?		A : 보존 및 정도관리 실시 C : 보통수준 E : 근거 자료 부족	

비상조치계획					
구분	항목	감사판단사항	감사결과내용	평가기준	감사 결과 (점수)
1	비상조치계획에 최악의 누출시나리오와 대안의 누출시나리오를 기반으로 작성되어 있는가?	1.목적 2.비상사태의 구분 3.위험성 및 재해의 파악 분석 4.유해·위험물질의 성상 조사 5.비상조치계획의 수립(최악 및 대안의 사고 시나리오의 피해예측 결과를 구체적으로 반영한 대응계획을 포함한다) 6.비상조치 계획의 검토 7. 비상대피 계획 8.비상사태의 발령(중대산업사고의 보고를 포함한다) 9.비상경보의 사업장 내·외부 사고 대응기관 및 피해범위 내 주민 등에 대한 비상경보의 전파 10.비상사태의 종결 11.사고조사 12.비상조치 위원회의 구성 13.비상통제 조직의 기능 및 책무 14.장비보유현황 및 비상통제소의 설치 15.운전정지 절차 16.비상훈련의 실시 및 조정 17.주민 홍보계획 등		A : 작성근거가 확실함 C : 보통수준 E : 많은 부분이 누락됨	
2	화재·폭발 및 독성물질 누출사고 발생할 수 있는 다양한 사고 시나리오를 발굴하고 비상조치계획을 수립하는가?	1. 화재, 누출에 대한 시나리오의 작성? 2. 다양한 사고 시나리오의 구축 여부 3. 복사열의 한계를 표기 했는가? 4. 인화성물질 누출 시 폭발하한농도(LEL) 및 LEL의 50%에 도달될 범위를 검토하였는지 여부		A : 다양한 시나리오를 작성함 C : 보통수준 E : 근거 서류가 없음	
3	근로자들이 안전하고 질서정연하게 대피할 수 있도록 충분한 훈련을 실시하였는가?	1. 훈련 실시횟수 2. 훈련의 종류는 다양한가? 3. 훈련일지 확인 4. 훈련에 대한 강평은 실시하였는가?		A : 계획을 충실히 이행함 C : 보통수준 E : 누락되어 있음	

4	비상조치계획에는 누출 및 화재·폭발사고 발생 시 행동요령이 적절히 포함되어 있는가?	1. 누출 시 대응요령이 작성되었는가? 2. 화재 및 폭발의 시나리오에 대한 대응 요령이 작성되었는가? 3. 사고시나리오에 따른 비상대응계획 작성에 관한 기술지침(P-163-2017)이 반영되었는가? 4. 최악 및 대안의 사고 시나리오의 피해예측 결과를 반영한 대응계획에 가동정지절차 등이 구체적으로 작성되었는지 여부		A : 정상적으로 포함됨 C : 보통수준 E : 근거서류 없음	
5	사업장 내(도급업체포함) 비상시 비상사태를 사업장내 및 인근 사업장에 전파할 수 있는 시스템이 갖추어져 있는가?	1. 비상벨 2. 방송 3. 무전기 4. 인근 사업장에 전파 할 수 있는 장비 및 상태(성능확인 필)는?		A : 적절하게 관리됨 C : 보통수준 E : 관리 이력이 없음	
6	비상발전기, 소방펌프, 통신장비, 감지기, 개인보호구 등 비상조치에 필요한 각종 장비가 구비되어 정상적인 기능을 유지하고 있으며 정기적으로 작동검사를 실시하는가?	1. 소방설비 작동검사서류 확인 2. 통신장비 성능검사? 3. 개인보호구의 수량 및 상태관리 서류 확인 4. 각종 보호구 착용지침이 있는가?		A : 모든 항목이 적절함 C : 보통수준 E : 관련서류 없음	
7	비상연락체계(주민홍보계획)는 주기적으로 확인하고 최신화된 상태로 관리되는지?	1. 최근 업그레이드의 실시 여부 2. 연락체계의 정기적 확인 근거서류 확인 3. 주민홍보의 정기적인 실시 여부 4. 대 주민 홍보 및 이해의 정도에 대해서 평가 하였는가?		A : 주기적 확인 및 관리상태양호 C : 보통수준 E : 관련 실적 및 서류가 없음	
8	주변 사업장에 유해위험물질 및 설비 정보, 사고시나리오, 비상신호 체계 등을 알려주고 있는가?	1. 주변사업장에 정보의 통보 근거확인 2. 정기적으로 실시하고 있는가? 3. 정보의 내용은 적정한가?		A : 정기적으로 통보 및 관리함 C : 보통수준 E : 관련 근거 부족	

4) 현장점검

현장점검의 핵심 사항으로는 각 작업장의 안전보건에 대한 활동 사항을 확인하는 것으로써 준수해야 할 기준은 산업안전보건기준에 관한 규칙의 내용과 PSM에서 요구하는 사항을 준수하는지 확인하는 부분이다. 각 분야 즉 현장, 전기, 기계, 화공, 위험물, 안전보건관리규정, 화학물질관리 등 전반적인 사항을 점검하고 확인하는 것이다. 산업재해를 방지하기 위하여 PSM을 작성하여 실행하여 실제 현장에서 규정을 준수하는지를 확인해서 사소한 위반 사항도 개선하는 조치를 함으로써 근원적으로 안전을 보장하도록 하여야 한다. 다음은 현장확인을 위한 현장점검표(참고 3)로서 감사판단사항을 참고하여 현장의 실태를 감사한다.

(참고 3) 현장점검표

현장확인					
구분	항목	감사판단사항	감사결과내용	평가기준	감사 결과 (점수)
1	보고서는 현장에 근로자들이 볼 수 있도록 비치되고 있는가?	1. 각 부서별로 비치하고 있는가? 2. 활용도는 충분한가? 3. 전산시스템은 접근하기가 용이한가? 4. 협력업체 근로자도 볼 수 있도록 제공하고 있는가?		A : 각 부서에 적정하게 비치함 C : 보통수준 E : 비치하지 않음	
2	원료, 제품 및 설비 등이 공정안전자료와 일치하는가?	1. 도면과 설비를 비교하여 확인 2. 변경사항에 대하여 도면의 변경여부 3. 구매물품대장과 비교 확인		A : 모두 일치함 C : 보통수준 E : 많은 부분에서 불일치함	
3	현장의 정리정돈 상태는 양호한가?	1. 넘어지거나 미끄러지는 등의 위험이 없도록 작업장 바닥 등을 안전하고 청결한 상태인가? 2. 사업주는 제품, 자재, 부재(部材) 등이 넘어지지 않도록 붙들어 지탱하게 하는 등 안전 조치가 충분한가? 3. 작업장은 청결한가? 4. 폐기물은 정해진 장소에 모으는가? 5. 분진이 작업장에 흩날이고 있는가?		A : 양호하게 관리함 C : 보통수준 E : 관리상태가 불량함	
4	위험물의 보관, 저장, 관리상태는 산업안전보건법령에 따라 적정한가?	1. 위험물을 별도의 장소에 보관하는가? 2. 작업장에서 일일 사용량 이상을 보관하고 있는가? 3. 위험물표지는 부착하였는가? 4. 관리책임자의 이름과 연락처가 지워지지 않았는가? 5. 위험물의 누출흔적은 없는가?		A : 정상적으로 관리됨 C : 보통수준 E : 관리상태가 불량함	
5	안전밸브, 파열판, 긴급차단밸브, 방폭형전기	1. 부식되거나 노후된 부분은 없는가?		A : 적절하게 관리됨	

	기계기구, 가스누출감지기(경보기), 방유제, 내화설비 등의 관리상태는 양호한가?	2. 도장이 벗겨져 방식 기능의 상실여부 3. 방폭기구의 조임은 적정한가? 4. 보수일지는 구비하고 있는가? 5. 방유제의 누유부분은 없는가?		C : 보통수준 E : 관리상태가 불량함	
6	안전밸브, 파열판, 긴급차단밸브, 방폭형전기 기계기구, 가스누출감지기(경보기), 방유제, 내화설비 등은 주기적으로 점검, 교정 등을 하는가?	1. 안전밸브의 성능과 봉인조치 확인 2. 점검, 교정일지는 작성하는가? 3. 점검, 교정주기표는 확보하고 있는가? 4. 가스누출감지기의 스위치는 정상위치에 위치하는가?		A : 모든 항목이 적절함 C : 보통수준 E : 관련서류 없음	
7	비상대피로가 정상적인 기능을 할 수 있는가?	1. 비상대피로 안내표지의 부착여부 2. 비상조치계획서 상의 비상대피로 위치를 현장 확인 3. 비상조명등의 관리상태 4. 비상구의 장애물 적치와 폐쇄여부 5. 비상대피장소의 위치와 관리상태		A : 관리상태 양호함 C : 보통수준 E : 관리상태가 불량함	
8	개인보호구는 충분한 수량을 확보하고 있는가?	1. 개인보호구함이 있는가? 2. 지급규정과 확보수량을 비교 확인 3. 보호구함의 표지는 부착되어 있는가?		A : 수량 확보 및 관리양호 C : 보통수준 E : 관리 기준이 없음	
9	개인보호구는 위험상황 시 근로자들이 즉시 사용할 수 있는 상태로 있는가?	1. 수량 및 상태를 점검하는 리스트가 있는가? 2. 정리가 되어 있는가? 3. 보호구함이 보기 쉬운 장소에 있고 손쉽게 꺼낼 수 있는가?		A : 모든 항목이 적절함 C : 보통수준 E : 관리상태가 불량함	
10	운전원, 작업자는 개인보호구 착용방법을 이해하고 정확히 착용하는가?	1. 개인보호구 착용지침은 비치되어 있는가? 2. 실제 보호구를 착용요구를 하여 정확하고 신속하게 착용하는지 확인		A : 이해하고 착용방법을 숙지함 C : 보통수준 E : 이해력 최하	
11	위험물의 입·출하 절차를 규정하고 관리하에 수행되는가?	1. 입·출하 절차서가 해당 작업 부근에 비치되어 있는가? 2. 규정대로 실시되는지 직접 요구하여 실태를 확인함 3. 외부인이 혼자 작업하는 경우가 없는지 확		A : 규정에 맞게 관리함 C : 보통수준 E : 관리상태가 불량함	

		인(탱크로리) 4. 보호구의 착용 후 작업여부			
12	회분식 반응기의 화재, 폭발 대책은 충분히 고려되고 관리되고 있는가?	1. 작업절차서가 현장 부근에 비치되어 있는지 확인 2. 각종 계기는 정상적으로 표시되고 있는지 확인 3. 위험요인을 인식하고 있는지 질문을 통하여 확인 4. 최근에 반응기에 대한 교육을 받은 이력이 있는지 확인		A : 모든 항목이 적절함 C : 보통수준 E : 관리상태가 불량 함	
13	국소배기장치, 폐수처리장, 백필터 등 환경처리시설의 관리 및 가동은 정상적으로 수행되고 있는가?	1. 배출농도의 측정 관리대장을 확인 2. 보수일지를 확인하여 보수기간에 무단배출 사실은 없는지 확인 3. 풍속측정 및 폐수농도 측정 주기는 PSM보고서와 일치하는지?		A : 관리상태 양호 함 C : 보통수준 E : 관리상태가 불량 함	
14	안전밸브 등 안전장치 후단의 배출물 처리는 안전한 장소로 연결되어 있는가?	1. 후단의 처리경로를 확인 2. 배출배관의 손상부위가 없는가? 3. 배관이 막혀있는 부분은 없는가? 4. 타설비의 흡입구 근처로 배출되는 부분이 있는지 확인		A : 정상적으로 처리 함 C : 보통수준 E : 관리상태가 불량 함	
15	배관 및 밸브의 표시 등은 적정하게 되어 있는 가?	1. 밸브나 콕에는 오조작방지 표시가 있는지 확인 2. 밸브나 콕에는 개폐방향을 표시 하였는지 3. 볼트를 조였을 때 나사산이 2~3산 정도 나오도록 되어 있는가? 4. 색깔표시 부분의 위치가 적정한가? - 밸브, 펌프, 유량계, 필터 등의 양 끝단으로부터 150~500㎜ 거리의 전·후단 - 배관 분기점으로부터 150~500㎜의 지점 - 지하배관 인입 또는 인출지점의 경우 지표면에서 500㎜ 지점		A : 모든 항목이 적절함 C : 보통수준 E : 관리상태가 불량 함	

		- 벽체, 건물 등을 통과하는 경우 관통지점 양측으로부터 150~500 ㎜ 지점 5. 밸브류의 몸체에 흐름방향을 표시하였는가? 6. (M-118-2016)의 규정에 의한 크기 및 모양인가?			
16	알람리스트 등은 제대로 관리되고 있는 가?	1. 알람리스트를 확인 함 2. 전산관리의 경우 확인 곤란할 경우 출력을 요구하여 확인		A : 관리상태 양호함 C : 보통수준 E : 관리상태가 불량함	
17	인터록의 관리상태는 양호한가?	1. 인터록관리 규정을 구비하고 있는가? 2. 인터록의 신설, 수정 및 삭제 절차가 있는가? 3. 바이패스 했을 경우 안전조치는 가능하게 하고 있는가를 관련 지침의 내용을 질문하여 확인 4. 바이패스 이력을 관리하고 있는지		A : 관리상태 양호함 C : 보통수준 E : 관리상태가 불량함	
18	배관, 장치, 설비 중에 위험물의 누출 등이 발생하는 곳은 없는가?	1. 현장 점검시에 관련 사항 확인 2. 밸브, 플랜지 부근을 확인 3. 작업장 바닥을 확인		A : 관리상태 양호함 C : 보통수준 E : 관리상태가 불량함	
19	제어실 등 양압시설은 25Pa 이상으로 적정하게 유지하고 있는가?	1. 게이지를 확인하여 25파스칼 이상 관리 여부 2. 양압이 저하 할 때 경보기 작동유무		A : 관리상태 양호함 C : 보통수준 E : 관리상태가 불량함	
20	스프링클러, 소화설비의 관리상태는 양호하며 주기적인 작동시험 등은 수행되고 있는가?	1. 소방성능점검표를 확인 2. 소방시설 외관상태 확인		A : 양호하게 관리됨 C : 보통수준 E : 성능시험표 없음(지적 미수리)	
21	전기 접지 및 절연상태는 양호하고 주기적인 점검이 이루어지는 지	1. 접지저항 측정표 확인 2. 절연측정표 확인 3. 접지선 상태를 확인 4. 노출된 부분에 보호커버가 탈락된 부분이 없는지 확인		A : 관리상태 양호함 C : 보통수준 E : 관리상태가 불량함	

4 감사규정예시

4장은 감사를 진행하면서 각 단계별로 필요한 서류와 작성방법을 이해하여 업무에 활용할 수 있는 과정이다. 사업장을 화학공장이라고 가정하여 실습을 하며 최종 개선대책의 수립과 개선사항을 종료하는 경우와, 회사의 사정으로 장기간에 개선할 수밖에 없는 경우에 있어서의 해결 방안을 동시에 제공한다. 사업장에서 많은 실수를 하는 경우가 감사의 결과에 대한 해결 방법이 규정에서 제시하는 절차를 따르지 않고 미해결 상태로 지체되고 있는 상태가 의외로 많이 발견되고 있다.

또한, 규정에는 최종 결과에 대한 내용과 개선해야 할 사항을 해당 근로자에게 전달을 하도록 되어 있으나 교육내용에 관련교육이나 전달근거가 없어 PSM 등급심사에서나 점검시 문제점으로 지적되고 있는 사항도 철저한 대비가 필요하다. 먼저 감사준비단계와 실행단계는 관련 규정에서 언급되어 있는 절차에 따라서 실행한다.

다음 단계로 감사결과의 문제점으로 지적된 사항을 정리하여 개선계획을 수립하고, 개선이 되거나 교육을 통하여 개선을 할 수 있는 사항은 안전보건팀장이 확인하고 승인을 한다. 또한 개선사항이 부족하고 오류가 발견되는 경우 재시정요구서를 발행하여 해당 부서장에게 통보하고, 해당 부서장은 다시 개선하여 완료보고서를 통보하면 안전관리팀장은 확인하여 승인한다. 마지막으로 장기간에 걸쳐서 개선해야 할 사항으로 해당 부서장은 개선계획서를 작성하여 안전보건팀장에게 통보하고 안전보건팀장은 관련사항을 정리한다. 다음 5장에서는 4장의 자료를 참고하여 CYM 회사의 생산팀을 대상으로 자체감사를 실시하고 이행상태의 수준을 확인할 것이다. 물론 대규모의 회사의 경우에는 생산1팀, 2팀, 3팀, 공무, 점검팀 등을 대상으로 동일한 방법으로 실행이 가능하다.

1.1 개요

자체감사를 실시하기 전에 자체감사에 대한 규정을 작성하여야 하는데 이 책을 접하는 관계자는 이미 회사에 관련규정을 마련하고 있다는 전제 하에 진행을 한다. 또한 처음으로 PSM을 접하는 담당자를 위하여 산업안전공단에서 제시하고 있는 "PSM작성 예시집"을 참고하여 자체감사규정을 적용하며 회사의 자체감사를 실시하기로 한다. 일반적으로 회사의 자체감사규정은 공단 예시집을 기준으로 작성하기 때문에 내용이나 절차가 유사한 부분이 많아 큰 문제 없이 진행을 하여도 된다. 그러나 회사의 규모나 조직에 따라서 자체감사의 규정이 다를 수 있으므로 회사의 규정을 반드시 준수하여야 한다. 자체감사의 규정을 준수하지 않고 자체감사를 실시하는 경우에는 차후에 감독관으로부터 지적을 받게 되며 이는 등급심사에서도 문제가 되고, 또한 내용 1건당 10만원의 과태료(법 제49조의2제7항을 위반하여 공정안전보고서의 내용을 지키지 않은 경우)가 부과되는 경우도 발생하게 된다. 그러므로 PSM규정의 준수가 핵심사항이 되는데 규정의 모든 내용을 준수하여 실행하여야 된다는 점을 소홀히 해서는 안 된다.

1.2 자체감사규정의 예시

다음은 ㈜ CYM의 자체감사규정이다. 국내의 모든 사업장의 자체감사에 관한 내용이 산업안전공단에서 정한 지침을 준수하기 때문에 유사하다고 할 수 있다. 첨부된 양식은 사업장의 규모나 조직에 따라 변형하여 사용이 가능하다. 따라서 4장에서 제시한 규정을 기본으로 5장에서는 자체감사를 진행한다. 사업장에서는 감사순서와 결과를 활용하여 보다 쉽고 정확하게 자체감사를 진행할 수 있다.

㈜ CYM	4. 자체감사계획	문서번호	PSM-4
		제.개정일자	2018.8
		PAGE	1 of 15

자체감사계획

1. 목 적

이 지침은 ㈜ CYM공장 내에서 공정안전관리(PSM) 내용을 성실하게 이행하고 있는지의 적합성 및 효과적 실행여부를 정기적으로 확인하기 위하여 자체감사에 대한 계획과 시행의 절차를 규정하는 데 목적이 있다.

2. 적용 범위

본 지침은 ㈜ CYM공장 내에서 공정안전보고서(PSM) 내용을 각 담당팀에서 성실히 수행하고 있는지의 여부를 확인하기 위한 내부 공정안전관리 자체감사(이하 "감사"라 한다)에 필요한 요구사항 및 책임사항을 규정한다.

3. 일반 사항

3.1 감사 실시 주기

공정안전관리의 모든 요소에 대한 정기감사는 매년 1회씩 실시한다.

3.2 감사 요건

감사팀을 구성하여 공정안전관리의 모든 요소들을 1년마다 평가하고 감사지적사항에 대하여 적절히 대응하고 만족스럽게 해결되었는지를 확인하는 체계를 정립한다.

4. 공정안전관리 감사팀

4.1 감사팀의 구성

4.1.1 대표이사는 감사팀장을 선임하여 공정안전관리 감사를 적절히 수행할 수 있도록 그 책임과 권한을 부여하여야 한다.

4.1.2 선임된 감사팀장은 감사위원을 선정하여 공장장의 승인을 받아 감사원 관리대장(양식 1)을 기반으로 감사팀을 구성한다.

4.1.3 감사팀의 임명(양식 2)

(1) 감사팀장 : 대표이사가 감사의 종류, 내용, 시기 등을 고려하여 기본자격을 갖춘 팀장급 이상 혹은 외부전문가를 임명한다.

(2) 감사위원 : 감사위원은 감사팀장의 추천으로 대표이사가 임명한다.

(3) 외부감사위원 : 필요하면 외부전문가를 감사팀장의 추천으로 대표이사가 임명한다.

4.2 감사팀의 구성요건

4.2.1 감사팀은 경력, 지식, 교육수준에 따라 3~4명으로 구성한다.

4.2.2 감사위원은 공정, 감사기술, 절차 등을 잘 알고 시행에 능숙한 자로서 해당 공정의 위험성에 대한 기초적인 지식을 가지고 있는 3년차 이상 직원으로 한다.

4.2.3 설비나 지역을 감사할 때 공평하게 시행할 수 있는 자로 한다.

4.2.4 감사팀의 규모는 감사해야 할 공정의 크기나 상황에 따라 정한다.

4.2.5 상당한 전문기술이 필요한 경우에는 해당분야 외부전문가를 임시요원으로 활용할 수 있다.

5. 감사의 구분

5.1 정기감사

모든 공정은 공정안전관리 자체감사계획에 의거하여 최소한 매년 1회씩 자체 정기감사를 실시한다.

5.2 특별감사

필요하면 외부 해당 전문가에 의한 자체감사를 실시한다.

5.2.1 공정안전관리 감사팀은 정기감사 외의 다음의 사유가 발생할 경우 공정안전관리 각 요소에 대하여 필요하면 특별감사를 실시할 수 있다.

(1) 공정안전관리체계가 전체적으로 제 · 개정되었을 경우

(2) 공정위험성분석에 의한 평가결과로 위험도가 매우 높은 공정

(3) 생산성이 현저하게 저하되는 경우

(4) 신규품목 생산의 경우

(5) 기타 공장장이 공정안전관리 감사가 필요하다고 인정하는 경우

5.2.2 특별감사의 경우 공장장의 지시에 의하여 선임된 감사위원은 감사대상 팀장에게 감사계획서의 통보를 생략할 수 있다.

6. 감사계획의 수립 및 유지

6.1 감사계획의 수립

선임된 감사팀장은 감사실시계획서를 작성하여 공장장에게 보고하여 승인을 득해야 한다.

6.2 정기감사계획서(첨부 1)에는 다음과 같은 내용이 포함된다.

(1) 감사의 목적
(2) 공정안전관리 요소
(3) 감사대상 팀 및 감사 일정
(4) 감사방법 등
(5) 기타 감사팀장이 감사를 수행하는 데 꼭 필요하다고 인정되는 사항

6.3 감사위원의 책임

(1) 감사현장을 방문하기 전에 감사범위를 정하고 대상항목을 할당하여 감사방법을 팀원과 검토한다.
(2) 해당팀과 감사계획에 따른 세부실행계획을 협의한다.
(3) 감사 전에 감사에 필요한 관련자료가 준비되어 있는지를 확인한다.
(4) 감사에 필요한 자료에 한해서만 해당팀에 요청한다.
(5) 면담할 인원의 참여가능성 및 해당팀의 정상 조업 중에 이루어질 수 있도록 한다.
(6) 정기감사에 대한 감사계획서를 작성한 후 공장장의 승인을 얻는다.
(7) 승인된 감사계획서 및 세부 감사일정표의 사본을 해당 팀장에게 송부한다.

6.4 감사의 일반요건

감사는 공정안전관리 요소의 적합성과 공정안전관리 요소가 효율적으로 수행되고 있는지를 독자적으로 검토하는 기능이다. 중대재해 발생 가능성을 최소화하기 위하여 제정된 모든 방침, 규정, 절차들의 내용을 중점적으로 검토하여 발생 가능한 위험을 예방하기 위한 능력을 갖추고 있는지 확인한다.

6.5 감사점검표의 작성

감사팀은 감사점검표(양식 3)에 의한 12개 항목을 감사한다. 단, 외부전문가에 의한 감사는 다른 감사점검표를 이용할 수 있다.

7. 감사실시

감사팀은 대상 단위공장의 모든 공정안전관리에 대해 공정한 조사를 수행한다. 감사점검표에는 해당 팀별로 이전 감사 시 지적된 시정 요구사항들을 포함하여 시정조치가 되었는지 반드시 확인한다.

7.1 감사착수 회의(양식 4) 및 관리체계 검토

감사착수 전 감사팀장은 감사 해당 팀장과 감사착수 회의를 개최하여 다음과 같은 감사관련 사항을 검토할 수 있다.

(1) 감사목적과 방법에 대한 개요
(2) 지원팀 책임사항
(3) 공정지역 순찰
(4) 감사에 관한 진행요령
(5) 공정안전관리 요소 프로그램
(6) 안전규정 및 지침
(7) 기타 필요한 사항

7.2 이행확인

7.2.1 감사팀은 공정안전관리 구성요소가 완전하게 수행되고 있는지 확인한다.

7.2.2 감사팀은 공정운전 기록상황의 검토 및 공정운전 상태를 관찰한다.

7.2.2 감사팀은 면담대상자를 확인해야 하고, 면담 전에는 일반 안전관련 사항을 확인한다.

7.3 공정안전관리 구성 요소별 감사 착안사항

7.3.1 감사팀이 각 구성 요소별로 검토하여야 할 일반적인 사항은 다음과 같으며, 보다 구체적인 사항은 "공정안전보고서의 제출 · 심사확인 및 이행상태평가 등에 관한 규정"을 참고하여 감사의 내용을 결정하고 실행한다.

(1) 공정안전자료

① 필요한 모든 공정안전정보를 수집하고 유지하는 관리체제가 있는 자료가 정

확하고 신뢰성이 있으며, 최근 것인지의 여부

② 자료를 필요로 하는 종업원이 쉽게 이용할 수 있는지의 여부

③ 기술적 사항을 포함한 화학물질 안전보건자료의 체계적 정리 여부

④ 제조공정 기술자료 · 도면의 정리 여부

⑤ 장치 및 설비의 설계 · 제작 · 설치에 관련된 기준의 적정 여부(한국산업표준 또는 동등 이상일 것)

⑥ 안전밸브 및 플레어스택을 포함하는 압력방출설비 및 환경오염을 야기하는 배출물의 설계기준 및 명세의 적정 여부

⑦ 최신 설계기준 이전의 설계기준에 따라 설치되어 사용되고 있는 장치 및 설비에 대한 설계기준을 그 장치 및 설비를 사용하는 동안 서류로 비치하여 관리하고 있는지의 여부

⑧ 제조공정 기술자료 · 도면 및 제4호의 공정설비 기술자료 · 도면은 공정, 장치 및 설비, 배관, 계측제어 계통 등의 변경시 즉시 보완되고 있는지의 여부

(2) 공정위험성 분석

① 공정의 위험성, 기술적 통제수단 및 안전보건에 대한 내용 반영 여부

② 최근 수행된 공정위험성 분석 사본을 입수하여 수행 사항들을 수행하고 있는지 여부

③ 위험성 분석기법 및 그 내용의 타당성 검토서 작성 여부

④ 여러 분야의 전문가로 구성된 팀에 의해 시행되었는지의 여부

⑤ 평가팀에 최소한 설계전문가 · 공정운전 전문가가 각 1명 이상 참여하였는지의 여부

⑥ 모든 팀 구성원에게 해당 공정기술, 공정설계, 정상 및 이상 운전절차, 경보시스템, 이상 조작절차, 계측제어, 정비절차, 비상시 운전절차 등 관련자료를 평가 이전에 상호 교환하고, 필요하면 설명하여 팀 모두가 이해할 수 있도록 함으로써 평가업무가 원활히 시행되었는지의 여부

⑦ 팀의 제시한 개선대책을 우선순위를 정하여 적절한 기한까지 사업주의 이행 여부와 그 계획의 서류화 여부

⑧ 작업 위험성평가를 위한 위험성평가 실시 규정(절차서) 등을 마련하고 있는지의 여부

⑨ 최악 및 대안의 사고 시나리오에 대한 피해예측 결과에 따른 적절한 처리 여부

(3) 운전절차

① 운전절차 내용의 간결, 명료성과 구성 및 용어의 통일성

② 운전원이 비상사태에 대처할 충분한 장비나 도구가 갖추어져 있는지의 여부

③ 운전원이 이해하기에 적합한지의 여부

④ 공정변경 사항

⑤ 팀원의 제안내용이 검토되고 있는지의 여부

⑥ 운전범위에서 벗어났을 경우의 조치 절차의 기술 여부

(4) 교육훈련

① 공정상세도면의 이해를 위한 제조공정, 안전운전 지침 및 절차 등에 관한 교육내용의 포함 여부

② 사업장 안전보건총괄책임자는 공정운전원이 충분한 교육과 훈련을 통하여 공정운전에 관한 지식과 기술 그리고 충분히 안전하게 운전할 능력을 갖추었음을 확인하고 해당 공정운전 자격을 부여하고 있는지의 여부

③ 사업장에서 최소한 3년마다 1회 이상 교육을 실시하고 있으며, 교육 시마다 해당 공정운전 능력이 충분함을 확인하고 있는지의 여부

④ 사업장 안전보건총괄책임자는 공정운전원, 정비원 및 하도급업자에 대한 교육·훈련 실시 내용과 공정운전 자격부여 현황을 기록, 보존하고 있는지의 여부

(5) 가동 전 점검

① 점검결과보고서는 있는가?

② 가동 전 안전점검에 대한 서면절차나 규정은 있으며 적절한가?

③ 추가 또는 변경된 설비가 제작기준대로 제작되었는지와 규정된 검사에 의한 합격판정의 확인 여부

④ 변경된 설비의 경우 규정된 변경관리 절차에 따라 변경되었는지의 확인 여부

⑤ 신설 또는 변경된 공정이나 설비의 운전절차에 대한 운전원의 교육·훈련과 이를 숙지하고 있는지의 확인 여부

(6) 설비보전

① 시방서와 검사절차를 검토하여 적용되는 기준과 제작사의 사양의 최근 것인지의 여부

② 공정관련 정비작업이 서면작업요령 및 적절한 허가를 득한 후 실행되는지의

여부

(7) 안전작업절차

① 공정위험을 관리하기 위한 안전작업절차서가 있는지의 여부

② 정비작업이 안전작업 절차와 일치하는지의 여부

③ 관련작업 허가서가 활용되고 있는지의 여부

(8) 변경관리

① 변경관리 절차 및 감사보고서를 검토하여 절차기준지침과 일치하는지의 여부

② 작업방법 변경 시 동 절차에 따라 준수하는지의 여부

③ 작업매뉴얼과 작업자의 수행과정이 일치하는지의 여부

④ 안전점검 내용이 해당 공정위험분석 내용 및 가동 전 안전점검과 일치되는지의 여부

(9) 사고조사

① 위험성 평가활용 여부

② 교육훈련에 활용 여부

③ 최근 발생한 사고관련자와 면담

④ 변경관리 절차

⑤ 비상조치계획에 반영 여부

⑥ 아차사고에 대한 사고조사 여부

(10) 비상조치계획

① 비상훈련 수행여부

② 사업장에서 비상조치가 취해져야 할 경우 전 직원에 긴급경보 조치를 취하고 있으며, 필요하면 인근지역 주민에게 비상사태를 알리고 안전한 필요한 조치를 할 수 있는지의 여부

③ 비상조치계획은 서류로 알기 쉽게 작성되어 접근이 용이한 곳에 갖추어 두었는지의 여부

④ 최악 및 대안의 사고 시나리오의 피해예측 결과를 반영한 대응계획에 가동정지절차 등이 구체적으로 작성되었는지의 여부

8. 보고 체계

감사팀장은 감사가 끝난 후 서면으로 대표이사에게 보고한다.

9. 평 가

9.1 감사팀은 해당공정의 관리체계를 검토한 것을 토대로 공정안전관리 요소의 목적을 달성하는 데 필요한 능력을 향상시키기 위하여 공정안전관리 점검표에 의거 준수여부를 평가한다.

9.2 감사점검표 등급체계의 기준에 의해 평가를 실시한다.

등급(점수)	등 급 기 준
A(10)	자료가 공정안전관리 요건을 완전히 만족함
B(8)	1.대부분 자료가 있으나 그 중 일부는 공정안전관리 요건을 완전하게 만족시키지 못함 2.일부 문서를 공정안전관리 요건에 맞게 개정하여야 한다.
C(6)	1.일부 자료만 공정안전관리 요건을 만족시킴 2.공정안전관리 요건에는 체계적으로 구성되지 않음 3.자료를 공정안전관리 요건에 만족시키도록 새로이 개발하여야 함
D(4)	1.자료가 미비하여 현재 있는 자료도 공정안전관리 요건을 대체로 만족하지 못함
E(2)	1.공정안전관리 요건을 전혀 만족하지 못함

9.3 자체감사에 사용되는 자체감사 점검표는 KOSHA CODE 및 이행상태평가 자료를 참고하여 작성한다.

10. 감사결과 회의

10.1 감사 중에는 일일 감사실시를 마감한 후 감사팀장은 감사 지적사항을 요약, 정리하고 회의를 실시한다.

10.2 감사를 완료한 후 감사팀장과 감사대상 팀장 간의 감사결과 회의를 개최하여 지적사항에 대하여 의견을 교환한다.

10.3 감사기간 동안 업무의 중복이 발생하지 않도록 감사팀원 간에 상호 협의한다.

11. 감사보고서의 작성 및 배부

11.1 감사팀장은 감사 종료 후 15일 이내에 감사보고서(양식 5) 및 개선 권고사항(양식 5-1)을 작성하여 공장장에게 보고한다. 단, 외부전문가에 의한 감사는 이외의 감사보고서를 이용할 수 있다.

11.2 감사보고서는 감사대상팀장과 선임감사위원의 확인을 받는다.

11.3 감사보고서에는 아래의 사항을 포함한다.

(1) 감사의 목적

(2) 감사대상 팀 및 일정

(3) 감사실시 기간

(4) 감사지적 사항

(5) 감사 점검표

11.4 감사팀장은 감사보고서를 작성한 후 감사 시 감사위원에 의해 발생된 일체의 기록 및 증거자료를 대표이사에게 제출하여야 하며 자료의 보관 등에 관한 사항은 지원팀에서 관리한다.

12. 사후관리

12.1 조치계획 작성

감사팀장은 개선이 필요한 사항에 대하여 각 해당공정 팀장에게 시정조치요구서(양식 6)를 발송하고, 해당팀장은 시정조치계획서(양식 7)를 작성하여 안전보건팀장에게 제출한다. 또한 개선계획서에는, 조치사항, 조치책임자와 완료요구 시점 등 해결방안을 포함한다.

12.2 시정조치에 관한 사항

12.2.1 시정조치 책임팀은 조치사항에 대한 시정조치완료보고서(양식 8)를 작성하여 안전환경팀장에게 송부하고 안전환경팀장은 이를 접수하고 완료확인심사를 실시한다.

12.2.2 안전환경팀장은 시정조치완료확인서(양식 9)를 발행하고 그 결과를 해당 부서에 통보한다.

12.2.3 안전관리팀장은 조치사항이 미흡한 경우에는 시정조치재요구서(양식 10)를 발행하여 해당 부서장에게 통보한다.

12.2.4 시정조치재요구서를 수령한 해당 부서장은 시정조치 계획서를 작성하여 안전관리팀장에게 통보한다.

12.2.5 해당 부서장이 개선사항에 대하여 조치예정일보다 초과되는 경우에는 개선지연사유서(양식 11)를 안전관리팀장에게 통보하고 최종예정일을 정하여 개선한다.

12.2.6 동일한 지적사항이 차기 감사 시에도 발생하면 해당공정 팀장은 그 사유를 명확하게 문서화하여 감사팀장을 경유하여 공장장에게 보고한다.

12.2.7 시정조치의 기간은 원칙적으로 1개월 이내에 완료하여야 하나 필요하면 연장할 수 있다.

12.2.8 시정조치계획서와 관련된 원본은 공정안전관리부서에서 3년간 보관한다.

13. 기록의 유지

13.1 감사 절차서, 감사 보고서 및 시정작업 보고서 등 감사 관련 보고서는 문서로 작성한다.

13.2 감사결과 보고서 및 시정작업 보고서는 차기 감사를 위하여 문서화하여 3년간 보관한다.

(양식 1) 감사원 관리대장

감사원 관리대장							
이름	부서		입사일	전공	관련교육수강현황		비고
	소속	직책			교육기관	수강일자	
○○○	안전팀	팀장	2008.3	안전	공단	2010	
	안전팀	과장					
	안전팀	대리					
	생산부	부장					
	생산부	과장					
	공무부	부장					
	공무부	대리					
	기술부	부장					
	기술부	대리					

(양식 2) 감사팀임명

감 사 팀 임 명(예시)

순 번	성 명	소속 및 직위	감사직책	주요 감사내용	비 고
1	위원1	안전관리 팀장	감사팀장	PSM 감사보고서 검토 · 분석 PSM 12개 항목 서류감사 및 현장확인	화공안전기술사 PSM 감사업무 안전진단전문위원
2	위원2	전문 위원	외부 전문가	관계자면담	전기안전기술사, PSM자체감사업무 공정안전기술자
3	위원3	안전관리 과장	내부 PSM 관리	PSM 12개 항목 서류감사 및 검토 · 분석	자체감사과정이수 산업안전기사 경력20년
4	위원4	안전관리 대리	내부 PSM 담당	PSM 보고서 및 현장 전반	자체감사 담당 산업안전기사 경력5년
5	위원5	공무과장	내부 PSM 담당	현장 및 서류 확인	기계기사 위험물산업기사 경력 20년

(첨부 1) 감사계획서

2018년도 감사계획서

2018년 8 월 일

안전환경팀

작 성	검 토	승 인
월 일	월 일	월 일

(양식 3) 감사점검표

감사점검표(예시)

- 공정안전자료

구분	항 목		면담/확인결과					
			A	B	C	D	E	평가근거
공정안전 자료 (1~7)	1	사업장에서 사용하고 있는 유해위험물질의 목록이 누락된 물질 없이 정확히 작성되어 있는가?	○					사용물질에 대한 목록이 빠짐없이 관리되고 있음
	2	사업장에서 사용하고 있는 유해・위험물질에 대한 물질안전보건자료(MSDS)의 작성, 비치, 교육, 경고표지 등이 적절하게 되었는가?						
	3	유해・위험설비 및 목록(동력기계, 장치 및 설비, 배관, 안전밸브 등)이 정확히 작성되어 있으며 현장과 일치하는가?						
	4	공정흐름도(PFD), 공정배관계장도(P&ID), 유틸리티흐름도(UFD)가 정확히 작성되어 있으며 현장과 일치하는가?						
	5	건물・설비의 배치도(가스누출감지경보기 설치계획, 국소배기장치 설치계획 등)가 산업안전보건법령 및 동고시 기준에 따라 작성되어 있으며 현장과 일치하는가?						
	6	폭발위험장소구분도, 전기단선도, 접지계획은 정확히 작성되어 있으며 현장과 일치하는가?						
	7	플레어스택, 환경오염물질 처리설비 등이 산업안전보건법령 및 동고시 기준에 따라 작성되어 있으며 현장과 일치하는가?						

(양식 4) 감사착수 회의록

감사착수 회의록

<table>
<tr><th>날 짜</th><td colspan="5"></td></tr>
<tr><th>장 소</th><td colspan="5"></td></tr>
<tr><th rowspan="2">참석자</th><td>김안전</td><td>김공정</td><td>○○○</td><td>○○○</td><td>○○○</td></tr>
<tr><td></td><td></td><td></td><td></td><td></td></tr>
</table>

회의내용		회의결과
1	감사목적과 방법에 대한 개요	내용을 부서원에게 전달
2	지원팀 책임사항	업무협조
3	공정지역 순찰	안내요원 배치
4	감사에 관한 진행요령	규정에 의한 진행
5	공정안전관리 요소 프로그램	12개 요소에 대한 절차준수
6	안전규정 및 지침	현장과 불일치한 부분 검토
7	기타 필요한 사항	적극적인 자세로 감사에 임함

(양식 5) 감사보고서

<table>
<tr><th colspan="6">감사보고서</th></tr>
<tr><td>감사의 목적</td><td colspan="5"></td></tr>
<tr><td>대상설비</td><td colspan="5"></td></tr>
<tr><td>감사기간</td><td colspan="5">년 월 일 ~ 년 월 일</td></tr>
<tr><td colspan="6">감사팀 구성</td></tr>
<tr><td>감사반</td><td>소속</td><td>직책</td><td>성명</td><td>감사분야</td><td>전공 및 경력</td></tr>
<tr><td>감사팀장</td><td></td><td></td><td></td><td></td><td></td></tr>
<tr><td>감사반</td><td></td><td></td><td></td><td></td><td></td></tr>
<tr><td>감사반</td><td></td><td></td><td></td><td></td><td></td></tr>
<tr><td>외부전문가</td><td></td><td></td><td></td><td></td><td></td></tr>
<tr><td>구분</td><td colspan="4">자체감사 결과 및 종합의견</td><td>비고</td></tr>
<tr><td></td><td colspan="4">"별도첨부 가능"</td><td></td></tr>
<tr><td colspan="6">개선권고사항 : 별도첨부</td></tr>
</table>

(양식 5-1) 개선권고사항

평가 항목	개선권고사항	해당부서	완료 예정일	조치계획	확인

(양식 6) 시정조치요구서

시정조치요구서	결재	감사위원	감사팀장
발행일 : 발행번호 : 공정지역(해당부서) :			

공정안전관리항목 (12개 항목)	시정항목	책임부서	완료요구일

(양식 7) 시정조치계획서

시정조치계획서	결재	담 당	부 서 장

부서명		공정명		작성일자	년 월 일

발행번호	자체감사결과	조치예정일	책임부서

(양식 8) 시정조치 완료보고서

시정조치 완료보고서

결재	담 당	부 서 장

부서명		공정명		작성일	년 월 일

발행번호	조치사항	조치완료일	시정조치결과	책임부서

개선전(사진)	개선후(사진)

(양식 9) 시정조치완료확인서

결재	담당	안전팀장

시정조치완료확인서

부서명		공정명		작성일	년 월 일

발행번호	감사결과	조치완료일	시정조치 확인결과	시정조치 책임부서

(양식 10) 시정조치재요구서

시정조치재요구서

발행일 :
발행번호 :
공정지역(해당부서) :

결재	감사위원	감사팀장

공정안전관리항목 (12개 항목)	시정항목	책임부서	완료요구일

(양식 11) 개선지연사유서

개선지연사유서

결재	담당	부서장

부서명		공정명		작성일자	년 월 일

발행번호	자체감사결과	조치 요구 예정일	최종완료예정일	책임부서
1	■시정사항 : ■개선대책 : ■지연사유 :			
2	■시정사항 : ■개선대책 : ■지연사유 :			

5 자체감사 실무

1. 개요

5장은 4장에서 제시한 실제 ㈜ CYM회사의 자체감사지침서를 기반으로 실제감사와 동일하게 감사를 실시한 결과이므로 그 결과를 바탕으로 사업장의 자체감사 시에 참고할 수 있다.

2. 자체감사 실행

감사대상은 생산1팀을 대상으로 하고 기간은 2일에 걸쳐 진행하였으며 감사요원은 3인이 면담, 서류, 현장을 감사한 결과이다.

2.1 감사준비

사전에 감사팀장은 감사대상의 부서장과 일정과 방법 등에 대하여 협의를 진행하였고 진행절차는 자체감가지침서를 기반으로 준비하였다.

2.2 감사진행순서

2.2.1 감사팀장은 감사일정 및 감사요원을 정하여 대표이사의 승인을 득한다.
2.2.2 감사계획서를 작성하여 대표이사의 승인을 득하여 감사대상 부서장에게 감사진행을 통보한다.
2.2.3 감사착수 회의를 실시하고 감사준비상태를 점검한다.
2.2.4 감사당일 ; Opening meeting을 실시하여 감사요원과 감사대상자의 감사에 임하는 준비를 한다.
2.2.5 감사 1일째 ; 감사요원 1인은 면담을 실시하고 2인은 서류감사를 진행한다.
2.2.6 감사 2일째 ; 현장 및 서류감사를 3인이 실시한다.
2.2.7 감사가 종료되면 기본결과를 정리하여 Close meeting을 실시한다.
2.2.8 감사팀장은 감사결과에 대하여 부서원을 대상으로 교육을 실시하고 교육결과보고서를 작성하여 보관한다.
2.2.9 감사팀장은 개선사항에 대하여 시정조치요구서를 감사대상팀에 발송한다.
2.2.10 감사대상 부서장은 개선계획서를 작성하여 감사팀장에게 제출한다.
2.2.11 감사대상 부서장은 시정조치완료보고서를 작성하여 감사팀장에게 제출한다.
2.2.12 감사팀장은 시정조치사항을 확인하여 조치결과가 기준을 충족하면 완료확인서를 발급하고 미흡한 경우 시정조치요구서를 재발급한다.
2.2.13 감사관련 모든 서류는 3년 이상 보관하도록 관리한다.

2.3 감사실시

다음은 지금까지의 자료를 바탕으로 감사를 진행하여 얻은 결과로써 실제 현장에서 감사를 진행하는데 많은 도움이 될 수 있다. 다음의 자체감사보고서는 실제 감사결과로서 감사의 계획으로부터 감사결과의 처리 및 교육의 완료까지의 단계별 서류로써 사업장에서 감사시에 참고로 할 수 있다.

3. 자체감사보고서

3.1 감사계획서
3.2 감사착수회의록
3.3 감사보고서
  1) PSM 감사 Summary
  2) 면담결과표
  3) 현장점검표
3.4 개선권고사항
3.5 시정조치요구서
3.6 개선계획서
3.7 시정조치완료보고서
3.8 시정조치완료확인서
3.9 개선지연사유서
3.10 교육결과보고서
3.11 교육이수자명부

3.1 감사계획서

2018년도 감사계획서

2018년 8 월 일

안전환경팀

작 성	검 토	승 인
월 일	월 일	월 일

감사계획서

1. 2018 PSM감사

1.1 PSM감사 목적

산업안전보건법 제49조의2(공정안전보고서의 제출 등)에서 정하는 사업장에서 공정안전보고서 내용을 각 담당 팀에서 성실히 이행하고 있는지 여부를 확인하고, 또한 안전문화의 정착을 위하여 PSM(공정안전관리) 제도를 효율적으로 운영하고 있는지의 여부를 사업장 스스로 내부 감사를 실시하여 미비사항을 도출하고 개선하기 위함

1.2 주요 PSM감사 내용

1) PSM(공정안전관리) 12개 항목의 내용을 성실하게 이행하고 있는지의 여부 및 산업안전보건법 제49조2항에 의거한 관련 사항을 충실하게 준수하고 있는지 확인함
2) 사업장 내 팀별 안전관리의 효율적인 운용을 확인함
3) PSM기술교육, 의식교육 및 12개 항목 교육의 적절성 및 효율성을 확인함
4) 관리자와 작업자들의 안전·보건에 대한 이해도와 실행 의지를 확인함
5) 공정위험성평가(Risk Assessment)를 수행하기 위한 기술자료 등이 확보 되어 있고 적절히 수행하고 있는지 확인함
6) 중대산업사고를 예방하기 위한 안전운전, 설비의 점검·정비·유지관리 등의 지침 및 절차가 적절히 작성하여 이행하고 있는지 확인함
7) 특히 아차사고를 포함한 공정사고에 대하여 적절한 조치와 사고조사가 이루어지는지의 여부와 기록의 유지, 관리 상태를 확인함
8) 시설·설비의 변경관리, 근로자에 대한 교육, 안전작업허가, 협력업체관리 등 PSM 12개 항목의 적절한 수행여부를 확인함

1.3 PSM감사 일정 및 감사대상 부서

1) 감사일정 : 2018. 8. 7 ~ 8. 8

2) 대상 및 세부일정

<table>
<tr><th>일자</th><th>시간</th><th>감사대상</th><th>내용</th><th>감사위원</th><th>비고</th></tr>
<tr><td rowspan="4">8/7</td><td>09:30~10:00</td><td>PSM TF 전원</td><td>Opening Meeting</td><td rowspan="4">○○○ 위원
○○○ 위원
○○○ 위원</td><td rowspan="4"></td></tr>
<tr><td>10:00~12:00</td><td>임원 및 관리자</td><td>면담</td></tr>
<tr><td>13:00~17:00</td><td>생산부</td><td>PSM 실행
서류 확인</td></tr>
<tr><td></td><td></td><td></td></tr>
<tr><td rowspan="5">8/8</td><td>9:00~12:00</td><td>생산부 및 PSM팀</td><td>면담 및 PSM실행 확인</td><td rowspan="5">○○○ 위원
○○○ 위원
○○○ 위원</td><td rowspan="5"></td></tr>
<tr><td>13:00~15:00</td><td>생산부</td><td>현장심사</td></tr>
<tr><td>15:00~16:30</td><td>PSM 관리자</td><td>서류정리</td></tr>
<tr><td>16:30~17:00</td><td>PSM TF 전원</td><td>Closing Meeting</td></tr>
<tr><td></td><td></td><td></td></tr>
</table>

1.4 PSM감사 인원 구성

<table>
<tr><th>순번</th><th>성 명</th><th>소속 및 직위</th><th>감사 직책</th><th>주요 감사내용</th><th>비 고</th></tr>
<tr><td>1</td><td>○○○</td><td>안전팀</td><td>팀장</td><td>1. PSM 감사보고서
2. 검토・분석
3. 면담</td><td>PSM 감사업무수행</td></tr>
<tr><td>2</td><td>○○○</td><td>안전팀</td><td>과장</td><td>1. 면담 및 PSM 12개 항목
2. 서류감사 및 현장확인</td><td>PSM 자체감사과정이수
PSM 자체감사업무수행</td></tr>
<tr><td>3</td><td>○○○</td><td>안전팀</td><td>내부
PSM 담당</td><td>PSM 보고서 및 현장 전반</td><td>자체감사 담당</td></tr>
</table>

1.5 PSM감사 항목

구 분	PSM감사 내용	비 고
면담	임무 및 역활	
PSM 12개 항목 감사	1) 공정안전자료의 적정한 관리 여부 2 공정위험성평가 수행 여부 3) 안전운전절차의 작성 및 이행 여부 4) 설비의 점검·정비 유지관리 여부 5) 안전작업 허가서의 발행 등 안전작업 절차의 준수 여부 6) 도급업체에 대한 안전지원여부 7) 공정운전에 대한 교육실시 여부 8) 가동 전 점검의 실시 여부 9) 변경관리의 수행 여부 10) 자체감사 실시 여부 11) 공정사고조사의 실시 및 적정성 여부 12) 비상조치계획 실시 여부	
현장	현장확인 점검표에 의한 21개 요소	

1.6 PSM감사 평가방법

1) 면담을 실시하여 질문에 대한 응답의 수준 및 관심도를 확인하여 점수배점 기준을 참고하여 점수를 부여한다.
2) 서류관리에 대한 PSM 12개 항목별 평가는 PSM 감사 확인점검표에 따라 실시하며 점수를 부여하는 경우 보다 보수적으로 실시하여 더욱 자료의 보완이나 관리를 유지할 수 있도록 한다.
3) PSM 감사 확인점검표의 항목이 공정안전보고서 내용에 해당되지 않는 경우에는 평가점수란에 "N/A"(No action required)로 표시하고 배점에서 제외함
3) 평가방법은 PSM 감사 확인점검표를 기준함
4) PSM 평가 점수표의 환산 점수란에는 구성요소별 평가점수를 100점으로 환산한 점수를 기재함

3.2 감사착수회의록

감사착수회의록

<table>
<tr><td>날짜</td><td colspan="5">2018년 8월 2일</td></tr>
<tr><td>장소</td><td colspan="5">안전팀 회의실</td></tr>
<tr><td rowspan="2">참석자</td><td>김안전</td><td>김공정</td><td>○○○</td><td>○○○</td><td>○○○</td></tr>
<tr><td></td><td></td><td></td><td></td><td></td></tr>
</table>

	회의내용	회의결과
1	감사목적과 방법에 대한 개요	내용을 부서원에게 전달
2	지원팀 책임사항	업무협조
3	공정지역 순찰	안내요원 배치
4	감사에 관한 진행요령	규정에 의한 진행
5	공정안전관리 요소 프로그램	12개 요소에 대한 절차준수
6	안전규정 및 지침	현장과 불일치한 부분 검토
7	기타 필요한 사항	적극적인 자세로 감사에 임함

3.3 감사보고서

<table>
<tr><th colspan="6">감사보고서</th></tr>
<tr><td>감사의 목적</td><td colspan="5">PSM 규정의 준수여부확인</td></tr>
<tr><td>대상설비</td><td colspan="5">생산부의 생산설비</td></tr>
<tr><td>감사기간</td><td colspan="5">'18 년 8 월 7 일 ~ '18 년 8 월 8 일</td></tr>
<tr><td colspan="6">감사팀 구성</td></tr>
<tr><td>감사반</td><td>소속</td><td>직책</td><td>성명</td><td>감사분야</td><td>전공 및 경력</td></tr>
<tr><td>감사팀장</td><td>안전</td><td>팀장</td><td>○○○</td><td>면담. 서류</td><td>안전</td></tr>
<tr><td>감사반</td><td>안전</td><td>과장</td><td>○○○</td><td>서류. 현장</td><td>안전</td></tr>
<tr><td>감사반</td><td>지원</td><td>과장</td><td>○○○</td><td>서류. 현장</td><td>전기</td></tr>
<tr><td>외부전문가</td><td></td><td></td><td></td><td></td><td></td></tr>
<tr><td>구분</td><td colspan="4">자체감사 결과 및 종합의견</td><td>비고</td></tr>
<tr><td></td><td colspan="4">별도첨부</td><td></td></tr>
<tr><td colspan="6">개선권고사항 : 별도첨부</td></tr>
</table>

1. 2018 PSM감사 Summary

1.1 PSM감사 실행요약

1) PSM감사 일정 : 2018. 8. 7 ~ 8 .8
2) PSM감사 대상부서 : 생산팀
3) PSM 감사팀 구성 : 안전팀

1.2 평가항목별 PSM감사 평점

전체적으로 가동 전 점검지침(93.3점), 공전사고조사지침(88.88점) 및 비상조치계획(87.5점)은 매우 우수하게 운영되고 있음. 다만, 도급업체안전관리(74점)는 12개 항목 중 가장 낮게 평가되었으며, 공정위험성평가(78.46점) 및 자체감사(77.7점)도 다른 항목에 비하여 상대적으로 낮게 평가되었음.

전반적으로 공정위험성평가 수행 시 원인과 결과를 좀 더 명확하게 기술하고 아울러 평가결과 및 개선권고사항의 내용을 종료시점까지 관리가 필요하며, 또한 전 부서원에게 교육할 것을 권장하며, 설비의 점검 · 보수 유지관리계획에서 요구하고 있는 점검계획을 구체적으로 수립할 것이 요구된다. 도급업체의 안전관리수준을 규정에서 요구하는 양식을 사용하여 정기적인 확인이 필요하다. 또한 사고 사실은 없으나 아차사고를 포함한 공정사고조사보고서를 작성하는 경우에도 관련 규정에서 정하고 있는 양식을 사용하여야 하고, 변경관리는 시행절차의 관련 규정에서 정하고 있는 사항들을 누락 없이 시행하여야 한다. 따라서 향후 효율적이고 안정적인 PSM 운영을 위해서는 PSM의 통합적 이해, 공정위험성평가 지침과 절차의 준수, 점검 · 정비 유지관리계획 실천, 변경요소 관리에 대하여 팀장을 포함하여 중간관리자, 현장운영자, 설비담당자 및 안전관리자 등 모든 구성원들에게 PSM의 통합적 이해와 실행이 더욱 요구되고 있으며, 모든 항목에 대하여 지속적인 PSM교육과 PSM 운용개선을 통하여 꾸준히 실행한다면 상당한 수준으로 향상될 것으로 판단됨.

1.3 PSM 감사 평가점수 요약집계표

평 가 항 목	총 배점	생산부	환산 계수	최고 환산점수	취득 점수	100점 환산점수
안전경영과 근로자참여	370 (310)	258	0.057	21.0	17.55	83.57
공정안전자료	70	58	0.071	5.0	4.118	82.85
공정위험성평가	130	102	0.041	5.5	4.182	78.46
안전운전 지침과 절차	80	66	0.050	4.0	3.3	82.5
설비의 점검 · 검사 · 보수, 유지계획 지침	120	104	0.046	5.5	4.784	86.66
안전작업허가 및 절차	80	70	0.106	8.5	7.42	87.5
도급업체 안전관리	100	74	0.080	8.0	5.92	74
공정운전에 대한 교육 · 훈련	70	60	0.071	5.0	4.26	85.71
가동전 점검지침	60	56	0.050	3.0	2.8	93.33
변경요소 관리계획	70	62	0.100	7.0	6.2	88.57
자체감사	90	70	0.044	4.0	3.08	77.77
공정사고조사 지침	90	80	0.033	3.0	2.64	88.88
비상조치계획	80	70	0.044	3.5	3.08	87.5
현장확인	210	176	0.081	17.0	14.256	83.8
계	1,620			100	83.584	

1.4 PSM감사 총평

㈜ CYM에 대한 PSM감사 결과 주요 내용은 다음과 같음

1) 면담

(1) 면담은 대표이사를 포함하여 생산부 팀장, 현장관리자, 조반장, 현장근로자, 안전관리자등 모든 계층에 대하여 수행하였음

(2) 대표이사의 경우 안전 · 보건을 최우선의 경영목표로 설정하여 실행하고 있으나, 반면에 현장근로자의 경우에는 PSM 12개 요소 내용에 대하여 관심이 필요한 것으로 나타났으며, 원할한 PSM수행을 위하여 현장 PSM 담당을 지정하여 운영할 필요가 있는 것으로 분석되었음

2) PSM 개선항목

(1) 공정안전자료 중 공정개요에 이상발생 시의 인터록 작동조건 및 가동중지 범위 등에 관한 사항을 이행상태 평가고시에서 정하고 있는 별지 17호의 2서식을 사용하여 작성이 요구됨

(2) 공정안전자료에서 요구하고 있는 소화설비와 가스누출경보기와 관련하여 별도의 서식(별지 17호의 3,4,5)을 작성하여 관리할 필요가 있으며, 국소배기장치의 항목에 비상정지 시 발생원 처리대책을 추가하여 관리가 요구됨

(3) 위험성평가 기법에 JSA기법을 추가하고 관련규정을 제정하여 실행하고, 위험성평가 결과 및 개선조치사항은 문서화 등 체계적으로 관리하여 그 내용 및 결과를 종료 후에는 교육 등을 통하여 전 부서원에게 공유가 요구됨

(4) 안전운전지침과 절차에서는 운전절차서를 운전원이 쉽게 이해할 수 있도록 보다 구체적으로 작성하고 절차변경 시 근로자에게 교육을 실시하고 관련 기록의 관리가 필요함

(5) 설비점검보수유지지침은 구매사양서의 항목에서 기기의 품질을 확보하기 위한 재료의 표준규격에 대하여 규정이 필요하고 각 기기별로 유지 · 보수에 필요한 예비품 목록의 관리가 요구 되며, 각 설비별로 이력카드를 작성하여 관리할 것을 권장함

(6) 안전작업허가절차에서 굴착작업허가서와 관련하여 관련규정이 필요하고 안전작업허가서를 발행하는 경우에는 반드시 배관계장도 검토한 후 위험요소를 제거한 후 발행을 하도록 하며, 특히 외부작업자의 경우 위험요소에 대하여 정보를 보다 구체적으로 제공되도록 할 필요가 있음

(7) 도급업체의 안전관리에서는 도급업체의 안전관리활동에 대하여 구체적인 확인이 필요하고 도급업체의 선정 시에 안전보건 분야에 대한 평가를 적극적으로 반영하고, 도급업체의 현장작업에는 주기적인 점검(순찰)의 실시가 필요함

(8) 교육훈련에서는 관련 규정에서 요구하고 있는 교육성과 미달자에 대한 관리가 요구되고 PSM의 효과를 달성하기 위하여 조직 구성원에게 외부 전문교육기관(PSM 관련)의 교육 수강을 권고함

(9) 공정사고조사에서는 아차사고에 대하여 사고조사를 실시하였으나 조사보고서의 형식이나 양식이 관련 규정에서 정하고 있는 문서가 불일치하므로 일치가 요구됨

(10) 변경요소관리계획은 변경사항에 대하여 변경관리위원회의 활동은 절차서에 따라서 실행이 요구되고 운전담당자, 설비담당자 및 협력업체 근로자에게 변경내용을 정확하게 알려주고 교육시킬 것이 요구됨

(11) 비상조치계획의 경우 사고의 발생에 대하여 인근 사업장에 전파 할 수 있는 방안에 대하여 관리가 필요하며, 비상연락체계는 정기적으로 검토가 필요하고 물질에 대한 최악의 누출시나리오에 대하여 작성이 필요함

결론적으로 공정안전보고서는 사업장의 안전보건운영계획이므로 충분한 이해와 실행이 필요하고 연간 PSM 세부추진계획을 구체적으로 수립 및 실행하고 실행사항을 LIST UP하여 관리할 것이 요구됨

3) 현장 확인

(1) ㈜ CYM의 생산부 업무 특성에 맞게 유해위험물질의 누출 및 화재 등 비상사태에 대비한 비상대피로의 표기, 화물차량 하차위치 표시, 비방폭공구의 사용금지, 게이지의 적정범위표시 등 규정준수가 요구됨

(2) 교반기 회전부위의 방호장치 설치가 요구됨

(3) 세안 · 세척 시설의 주변에 대한 정리 · 정돈이 요구됨

첨부

1. 면담결과표
2. 서류감사결과표
3. 현장확인표

1. 면담결과표

안전경영과 근로자 참여 : 대표이사				
구분	항목		면담/확인결과	
			점수	평가근거
대표이사	1	회사의 경영목표로 안전·보건을 우선적으로 강조하고 실천하는가?	10	안전보건을 회사의 최우선 경영목표로 삼고 있음
	2	공정안전관리(PSM) 12개 요소의 내용과 목적을 정확하게 이해하고 있는가?	8	PSM 12개 요소에 대하여 대략적으로는 알고 있으나 보다 정확하고 체계적인 이해가 요구됨
	3	공정위험성평가, 변경요소관리, 공정사고 및 자체감사결과의 개선권고사항 및 처리현황을 정기적으로 확인하고 있는가?	8	공정위험성평가, 변경요소관리, 공정사고 및 자체감사 결과의 개선권고사항 및 처리현황 보고 받고 있음
	4	사업장 내·외부 PSM 관련 안전·보건 교육훈련계획을 승인하고 그 결과를 보고받는가?	8	안전보건교육계획을 승인하고 그 결과를 보고받고 있음
	5	도급업체 안전관리의 구체적 내용을 잘 알고 있는가?	8	보수업체의 안전관리의 현황에 대하여 알고 있음
	6	PSM이행분위기 확산을 위해 노력하고 있는가?	10	전사적으로 PSM 이행분위기 향상을 위해 노력하고 있음
	7	안전보건활동(위험성평가, 자체감사, 외부 컨설팅 등)과 안전분야 투자를 연계하여 투자계획을 수립하는지	10	PSM 자체감사 등에 외부전문가를 활용하는 등 안전보건활동에 투자를 하고 있음
	8	안전에 대한 목표를 설정하고 목표대비 실적을 평가하며 관련 내용을 근로자들에게 공유하는지	8	인원이 소수인 관계로 안전에 대한 목표설정 및 평가활동은 미흡함
	9	PSM 관련 활동에 근로자(도급업체 포함) 참여를 보장하는지	8	인원이 소수인 관계로 근로자들의 PSM 활동에는 제한이 있음

안전경영과 근로자 참여 : 김부장				
구분	항목		면담/확인결과	
			점수	평가근거
부장/과장(관리감독자)	10	공정안전관리(PSM) 12개 요소의 내용과 목적을 정확하게 이해하고 있는가?	8	PSM의 목적과 12개 요소의 내용에 대하여 개략적으로는 이해하고 있으나 PSM 12개 요소에 대하여 보다 정확하고 체계적인 이해가 요구됨
	11	안전・보건문제에 관하여 근로자 의견을 수시로 청취하여 조치하고 상급자에게 보고하는가?	10	안전보건문제에 관하여 근로자의 의견을 수시로 청취하고 있으며, PSM 담당자 및 공장장에게 보고하고 있음
	12	공정위험성평가, 변경요소관리, 공정사고, 및 자체감사결과의 개선권고사항 및 처리현황을 정기적으로 확인하고 있는가?	8	공정위험성평가, 변경요소관리, 공정사고 및 자체감사의 개선사항 및 처리현황을 PSM 담당자로부터 보고 및 확인하고 있음
	13	안전작업허가절차에 대해 구체적으로 잘 알고 있는가?	8	안전작업허가절차에 대하여 개략적으로 알고 있으나, 안전작업의 종류, 각 작업별 점검사항에 대하여 상세하게 숙지할 것을 권장함
	14	설비의 점검・검사・보수 계획, 유지계획 및 지침의 내용에 대해 구체적으로 잘 알고 있는가?	8	설비의 점검・검사・보수계획, 유지계획 및 지침의 내용에 대하여 개략적으로 알고 있으나 담당설비에 대한 등급기준, 점검주기 및 점검내용에 대하여 구체적으로 숙지할 것을 권장함

안전경영과 근로자 참여 : 강반장

<table>
<tr><th rowspan="2">구분</th><th rowspan="2" colspan="2">항목</th><th colspan="2">면담/확인결과</th></tr>
<tr><th>점수</th><th>평가근거</th></tr>
<tr><td rowspan="5">조장/
반장</td><td>15</td><td>공정안전관리(PSM) 12개 요소의 내용과 목적을 정확하게 이해하고 있는가?</td><td>8</td><td>PSM의 목적과 12개요소의 내용에 대하여 개략적으로는 이해하고 있으나 팀의 중간관리자로서 PSM 12개 요소에 대하여 보다 정확하고 체계적인 이해가 요구됨</td></tr>
<tr><td>16</td><td>안전 · 보건문제에 관하여 근로자 의견을 수시로 청취하여 조치하고 상급자에게 보고하는가?</td><td>8</td><td>안전보건문제에 관하여 근로자의 의견을 수시로 청취하는 제안제도를 실시할 것을 권장 함</td></tr>
<tr><td>17</td><td>공정위험성평가, 변경요소관리, 공정사고 및 자체감사결과의 개선권고사항 및 처리현황을 정기적으로 확인하고 있는가?</td><td>8</td><td>공정위험성평가, 변경요소관리, 공정사고 및 자체감사의 개선사항 및 처리현황을 PSM 담당자로부터 보고받고 있으나 직접 현장 확인할 것을 권장함</td></tr>
<tr><td>18</td><td>안전작업허가 절차에 대해 잘 알고 있는가?</td><td>8</td><td>안전작업허가절차에 대하여 개략적으로 알고 있으나, 안전작업의 종류, 각 작업별 점검사항에 대하여 상세히 숙지할 것을 권장함</td></tr>
<tr><td>19</td><td>설비의 점검 · 검사 · 보수 계획, 유지계획 및 지침의 내용에 대해 잘 알고 있는가?</td><td>8</td><td>설비의 점검 · 검사 · 보수계획, 유지계획 및 지침의 내용에 대하여 개략적으로 알고 있으나 담당설비에 대한 등급기준, 점검주기 및 점검내용에 대하여 구체적으로 숙지할 것을 권장함</td></tr>
</table>

안전경영과 근로자 참여 : 김사원				
구분	항목		면담/확인결과	
			점수	평가근거
현장 작업자	20	업무를 수행할 때 공정안전자료를 수시로 활용하고 있는가?	8	업무수행 시 가끔씩 MSDS, P&ID 등 공정안전자료를 수시로 활용하고 있음
	21	자신이 작업 또는 운전하고 있는 시설에 대해 가동 전 점검 절차를 알고 있는가?	8	가동 전 점검 절차를 개략적으로 알고 있음
	22	보고서에 규정된 안전운전절차를 정확하게 숙지하고 있는가?	10	안전운전 절차를 숙지하고 있음
	23	공정 또는 설비가 변경된 경우 시운전 전에 변경사항에 대한 교육을 받는가?	8	변경사항에 대하여 개략적으로 교육을 받고 있음
	24	상급자가 자체감사 결과를 설명해 주는가?	8	자체감사 결과에 대하여 개략적으로 교육을 받고 있음
	25	사업장내 공정사고에 대한 원인을 알고 있는가?	8	공정사고의 원인을 개략적으로 알고 있음
	26	자신이 작업 또는 운전하고 있는 시설에 대한 위험성평가 결과를 알고 있는가?	8	위험성평가 결과에 대하여 개략적으로 알고 있음
	27	비상 시 비상사태를 전파할 수 있는 시스템 및 자신의 역할(임무)을 숙지하고 있는가?	8	비상사태 시 자신의 임무에 대하여 숙지하고 있음

안전경영과 근로자 참여 :				
구분	항목		면담/확인결과	
			점수	평가근거
정비보수 작업자 (도급 업체직원 포함)	28	안전한 방법으로 유지·보수 작업을 수행할 수 있도록 작업공정의 개요·위험성·안전작업허가절차 등에 대하여 작업 전에 충분한 교육을 받았는가?	-	N/A
	29	화기작업관련 화재·폭발을 막기 위한 안전상의 조치를 잘 알고 있는가?	-	N/A
	30	밀폐공간 작업 시 유해위험물질의 누출, 근로자중독 및 질식을 막기 위한 안전상의 조치를 잘 알고 있는가?	-	N/A
도급 업체 작업자	31	작업지역 내에서 지켜야 할 안전수칙 및 출입 시 준수해야하는 통제규정에 대해 교육을 받았는가?	-	N/A
	32	작업하는 공정에 존재하는 중대위험요소에 대해 잘 알고 있는가?	-	N/A
	33	작업 중에 비상사태 발생 시 취해야 할 조치 사항을 알고 있는가?	-	N/A

안전경영과 근로자 참여 : 김ㅇㅇ대리				
구분	항목		면담/확인결과	
			점수	평가근거
안전 관리자	34	PSM에 대한 충분한 지식을 보유하고, 사업장 내의 PSM 추진체계에 대하여 정확하게 이해하고 있는가?	8	PSM의 목적과 12개요소의 내용에 대하여 개략적으로는 이해하고 있으나 부서의 PSM 담당자로서 PSM 12개 요소에 대하여 보다 정확하고 체계적인 이해가 요구됨
	35	사업장의 PSM 추진상황에 대하여 수시로 조·반장 및 근로자 등의 의견을 수렴하고 문제점을 발굴하여 경영진에게 보고하는가?	10	안전보건문제에 관하여 근로자의 의견을 수시로 청취하고 공장장에게 보고하고 있음
	36	정비부서 근로자, 도급업체 근로자 등이 공정시설에 대한 설치·유지·보수 등의 작업을 할 때 관련규정의 준수여부를 확인하는가?	8	정비부서 근로자, 협력업체 근로자 등이 공정시설에 대한 설치·유지·보수 등의 작업을 할 때 관련 규정의 준수여부를 확인하고 있음
	37	연간 PSM 세부추진 계획을 수립·시행하는 등 PSM 전반을 감독할 수 있는 권한을 부여받고 있나?	8	PSM 전반에 대하여 일정부분 권한을 부여 받고 있으며 PSM에 참여하고 있음

2. 서류감사결과표

안전보건자료			
구분	항목	면담/확인결과	
		점수	평가근거
1	사업장에서 사용하고 있는 유해위험물질의 목록이 누락된 물질 없이 정확히 작성되어 있는가?	8	사업장에서 사용하고 있는 물질에 대하여 목록화하여 작성하고 있으나, 독성치의 기재란에 모든물질에 대하여 독성값(경구, 경피, 흡입)을 추가하여 기재가 요구됨
2	사업장에서 사용하고 있는 유해·위험물질에 대한 물질안전보건자료(MSDS)의 작성, 비치, 교육, 경고표지 등이 적절하게 되었는가?	8	사업장에서 사용하고 있는 유해·위험물질에 대한 물질안전보건자료(MSDS)의 작성, 비치, 교육, 경고표지 등이 적절하게 표기되어 있음
3	유해·위험설비 및 목록(동력기계, 장치 및 설비, 배관, 안전밸브 등)이 정확히 작성되어 있으며 현장과 일치하는가?	8	유해·위험설비 및 목록(동력기계, 장치 및 설비, 배관, 안전밸브 등)이 양호하게 작성되어 있음
4	공정흐름도(PFD), 공정배관계장도(P&ID), 유틸리티흐름도(UFD)가 정확히 작성되어 있으며 현장과 일치하는가?	8	공정도면과 관련하여 이상 발생시에 인터록 및 작업중지 조건 등의 사항들을 17호의 2 서식을 사용하여 작성이 요구됨
5	건물·설비의 배치도(가스누출감지경보기 설치계획, 국소배기장치 설치계획 등)가 산업안전보건법령 및 동고시 기준에 따라 작성되어 있으며 현장과 일치하는가?	8	1. 소화설비 설치계획서 작성추가(별지 제17호의 3서식) 2. 경보설비 설치계획서 작성추가(별지 제17호의 4서식) 3. 가스누출 경보기 설치계획서 추가 작성(별지 제 17호의 5서식) 4. 국소배기장치 설치계획서 항목추가요함(인터록 관련, 비상정지 시 발생원 처리대책 등)
6	폭발위험장소구분도, 전기단선도, 접지계획은 정확히 작성되어 있으며 현장과 일치하는가?	8	전기단선도에 개정고시된 사항이 반영 요구됨
7	플레어스택, 환경오염물질 처리설비 등이 산업안전보건법령 및 동고시 기준에 따라 작성되어 있으며 현장과 일치하는가?	10	환경오염물질 처리설비(A/C 흡착탑)가 적정하게 설치되어 있음

위험성평가			
구분	항목	면담/확인결과	
		점수	평가근거
1	위험성평가 절차가 산업안전보건법령 및 동 고시 기준에 따라 적절하게 작성되어 있는가?	6	공정위험성평가 절차서 평가기법을 추가하여야 함
2	공정 또는 시설 변경 시 변경부분에 대한 위험성 평가를 실시하고 있는가?	8	4M기법을 사용하여 위험성평가를 실시하고 있음
3	정기적(4년 주기)으로 공정위험성평가를 재실시하고 있는가?	10	정기적(현 1년 1회)으로 위험성평가를 재 실시하고 있음
4	밀폐공간작업, 화기작업, 입·출하작업 등 유해위험작업에 대한 작업위험성평가를 산업안전보건법령 및 동 고시 기준에 따라 실시하였는가?	6	입·출하작업의 경우에도 위험성평가를 실시할 필요가 있음
5	유해위험작업에 대한 작업위험성평가를 정기적으로 실시하고 있는가?	8	지침서에는 매년 작업위험성 평가를 수행 하도록 되어 있으며 4M기법을 사용하여 수행
6	위험성평가 결과 위험성은 적절하게 발굴하였는가?	8	HAZOP와 4M기법을 사용하여 위험성을 적절하게 발굴하고 있음
7	위험성평가 기법 선정은 적절한가?	8	HAZOP와 4M으로 단순화 되어 있으나, JSA 기법 등 다양한 방법으로 재평가를 할 것을 권고함
8	위험성평가에 적절한 전문인력, 현장 근로자 등이 참여하는가?	8	위험성평가에 적절한 전문인력, 공정전문가, 설계전문가 및 현장 근로자 등이 참여하고 있음
9	위험성평가 결과 개선조치사항은 개선완료 시까지 체계적으로 관리되는가?	6	개선권고사항의 경우 종료시점까지 관리할 필요가 있음
10	정성(定性)적 위험성평가를 실시한 결과 위험성이 높은 구간에 대해서는 정량(定量)적 위험성 평가를 실시하는가?	10	정량적 위험성평가를 실시하고 있음
11	단위공장별로 최악의 사고 시나리오와 대안의 사고 시나리오를 작성하였는가?	8	단위공장별로 대안의 사고 시나리오가 작성되어 있으나 최악의 사고 시나리오의 작성이 요구됨
12	위험성평가 시 과거의 중대산업사고, 공정사고, 아차사고 등의 내용을 반영하였는가?	8	공정사고의 발생은 없으나 아차사고의 경우에 사고조사를 바탕으로 위험성평가할 것을 권고함
13	위험성평가 결과를 해당 공정의 근로자에게 교육시키는가?	8	위험성평가를 실시하고 그 결과를 근로자에게 교육을 실시하고 있음

안전운전지침과 절차			
구분	항목	면담/확인결과	
		점수	평가근거
1	안전운전절차서 작성 지침이 산업안전보건법령, 동 고시 및 공단 기술지침을 참조하여 적절하게 작성되어 있는가?	8	지침서의 작성이 적절하게 작성되어 있음
2	운전절차서는 취급 물질의 물성과 유해·위험성, 누출 예방조치, 보호구착용법, 노출 시 조치요령 및 절차, 안전설비계통의 기능·운전방법·절차 등의 내용이 포함되어 있는가?	8	절차서의 내용에 안전설비계통에 대한 사항을 추가할 필요가 있음
3	운전절차서는 최초의 시운전, 정상운전, 비상 시 운전, 정상적인 운전정지, 비상정지, 정비 후 운전개시, 운전범위를 벗어난 경우 등을 구체적으로 포함하고 있는가?	8	정비 후 운전개시 및 운전범위를 벗어난 경우에 대하여 구체적으로 작성이 요구됨
4	운전절차서는 운전원이 쉽게 이해할 수 있도록 작성되어 있는가?	8	운전절차서는 운전원이 쉽게 이해할 수 있도록 작성되어 있음
5	안전운전 절차서는 공정안전자료와 일치하는가?	8	안전운전절차서는 공정안전자료와 일치되게 작성되어 있음
6	연동설비의 바이패스 절차를 작성·시행하고 있는가?	6	A/C 흡착탑의 바이패스 절차를 구체적으로 작성할 필요가 있음
7	변경요소관리 등 사유발생 시 지침과 절차의 수정은 이루어지고 있는가?	10	변경관리에 대하여 지침의 수정을 시행하고 있음
8	안전운전지침과 절차변경 시 근로자 교육은 적절히 이루어지고 있는가?	10	안전운전지침과 절차변경 시 교육을 적절히 수행하고 있음

설비의 점검 · 검사 · 보수 계획, 유지계획 및 지침			
구분	항목	면담/확인결과	
		점수	평가근거
1	설비의 점검 · 검사 · 보수 및 유지지침이 산업안전보건법령, 동 고시 및 공단 기술지침을 참조하여 적절하게 작성되어 있는가?	8	설비의 점검 · 검사 · 보수 및 유지지침이 산업안전보건법령, 동 고시 및 공단 기술지침을 참조하여 작성되어 있음
2	설비의 점검 · 검사 · 보수 계획, 유지계획에 따라 예방점검 및 정비 · 보수를 시행하고 있는가?	8	유지계획을 수립하여 예방정비를 양호하게 실시하고 있음
3	부속설비(배관, 밸브 등)와 전기계장설비(MCC, 계기, 경보기 등)에 대한 점검 · 검사 · 보수 계획, 유지계획이 작성되어 시행되고 있는가?	8	부속설비에 대한 점검 · 검사 · 보수 계획, 유지계획이 작성되어 있지 않아 이에 대한 세부적인 작성을 권고함
4	비상가동정지 및 플레어스택 부하(Flare load) 관련 SIS(안전계장시스템) 설비는 별도로 적절하게 관리되고 있는가?	8	플레어스택은 없으며 A/C흡착탑의 비상가동정지설비의 경우 관련 안전시스템이 별도로 적절하게 관리하고 있음
5	위험설비의 유지 · 보수에 참여하는 근로자들에게 공정개요 및 위험성, 안전한 유지 · 보수작업을 위한 작업절차 등에 대하여 교육을 실시하는가?	8	위험설비의 유지 · 보수에 참여하는 근로자들에게 공정개요 및 위험성, 안전한 유지 · 보수작업을 위한 작업절차 등에 대하여 교육을 적업전에 시행하고 서류를 관리하고 있음
6	공정조건, 위험성평가 등을 고려한 중요도에 따라 위험설비의 등급을 구분하고, 이에 따라 점검 및 검사주기를 결정하여 관리하고 있는가?	6	공정조건, 위험성평가 등을 고려한 중요도에 따라 위험설비의 등급을 구분하고, 이에 따라 점검 및 검사주기를 결정하여 관리하고 있음
7	각 설비에 대한 검사기록을 관리하고 있는가?	10	각 설비에 대한 검사기록을 관리하고 있음
8	설비의 잔여수명을 관리하여 수명이 다한 설비를 적절한 시기에 교체하거나 적절한 조치를 취하는가?	10	지침에 의거 설비의 잔여수명에 대한 기준을 제정할 것을 권고함
9	구매 사양서에 기기의 품질을 확보하기 위한 재료의 최소두께, 비파괴검사, 열처리 및 수압시험을 하도록 규정하고 있는가?	10	구매 사양서에 기기의 품질을 확보하기 위한 재료의 최소두께, 비파괴검사, 열처리 및 수압시험을 하도록 세부적으로 관리할 필요가 있음
10	설계사양과 제작자 지침에 따라 장치 및 설비가 올바르게 설치되었는지를 확인하기 위한 절차를 마련하여 시행하고 있는가?	8	설계사양과 제작자 지침에 따라 장치 및 설비가 올바르게 설치되었는지를 확인하기 위한 절차를 마련하여 시행하고 있음
11	각 기기별로 유지 · 보수에 필요한 예비품 목록을 관리하고 있는가?	8	각 기기별로 유지 · 보수에 필요한 예비품 목록을 적절하게 관리가 필요함
12	설비의 정비이력을 기록 · 관리하고 이를 분석하여 예방정비에 활용하고 있는가?	10	설비의 정비이력을 기록 · 관리하고 이를 분석하여 예방정비에 활용정도가 적음

안전작업허가 및 절차			
구분	항목	면담/확인결과	
		점수	평가근거
1	안전작업허가지침이 산업안전보건법령, 동 고시 및 공단 기술지침을 참조하여 적절하게 작성되어 있는가?	10	안전작업허가지침이 산업안전보건법령, 동 고시 및 공단 기술지침을 참조하여 적절하게 작성되어 있음
2	위험작업을 수행할 경우 안전작업허가서를 발행하고 있는가?	10	위험작업을 수행할 경우 안전작업허가서를 적절하게 발행하고 있음
3	안전작업허가서를 작성 및 승인할 때 필요한 모든 제반사항을 반드시 확인하는가?	8	안전작업허가서를 작성 및 승인할 때 필요한 모든 제반사항을 확인하고 있으나, 교육을 받은 근로자의 서명이 부분적으로 누락된 부분이 있음
4	안전작업허가서는 보관기간을 정하여 유지·관리하고 있는가?	10	안전작업허가서는 보관기간을 1년으로 정하여 유지·관리하고 있음
5	안전작업허가서에는 해당 작업과 관련이 있는 모든 관련 책임자의 허가를 받도록 하고 있는가?	10	안전작업허가서에는 해당 작업과 관련이 있는 모든 관련 책임자의 허가를 받도록 하고 있음
6	화기작업 시 작업대상 내 인화성가스 농도측정, 배관계장도 검토를 통한 맹판설치, 밸브차단 등의 필수조치는 빠짐없이 이루어졌는가?	8	화기작업 시 작업대상 내 인화성가스농도측정, 가연성분진의 존재 여부 등을 파악하고 있으나, 배관계장도 검토사항에 의한 맹판설치 및 밸브차단등의 조치와의 연관성이 부족함
7	입조작업 시 작업대상 내 산소농도측정, 유해가스농도측정, 배관계장도 검토를 통한 맹판설치·밸브차단 등의 필수조치가 빠짐없이 이루어졌는가?	8	입조작업허가서의 확인사항은 적절하게 작성되어 있으며, 해당작업의 이력이 없어 확인은 불가함
8	굴착작업 허가 시 지하매설물을 확인하기 위한 절차가 마련되어 실행하고 있는가?	6	굴착작업 허가 시 지하매설 물을 확인하기 위한 절차에 대하여 절차를 구체적으로 작성할 필요가 있음

도급업체안전관리

구분	항목	면담/확인결과	
		점수	평가근거
1	사업주는 도급업체 사업주에게 도급업체 근로자들이 작업하는 공정에서의 누출·화재 또는 폭발의 위험성 및 비상조치계획 등을 제공하는가?	10	사업주는 도급업체(정비분야) 사업주에게 도급업체 근로자들이 작업하는 공정에서의 누출·화재 또는 폭발의 위험성 및 비상조치계획 등을 제공 및 교육을 시행하고 있음
2	사업주는 도급업체 선정시 안전보건 분야에 대한 평가를 실시하고 그에 적정한 도급업체를 선정하는 지?	6	관련 규정에 도급업체(정비분야) 선정 시 안전보건 분야에 대한 평가를 실시하도록 되어 있으므로, 관련 자료와 실적을 확보할 필요가 있음
3	도급업체 사업주는 도급업체 근로자들의 질병·부상 등 재해발생 기록을 관리하는가?	6	관련 규정에 도급업체(정비분야) 선정 시 안전보건 분야에 대한 평가를 실시하도록 되어 있으므로, 도급업체 사업주는 도급업체 근로자들의 질병·부상 등 재해발생 기록을 관리하고 있는 자료가 부족함
4	도급업체 사업주는 도급업체 근로자들에게 필요한 직무교육을 실시하고 기록을 유지하고 있는가?	6	관련 규정에 도급업체(정비분야) 선정 시 안전보건 분야에 대한 평가를 실시하도록 되어 있으므로, 업체의 도급업체 사업주는 도급업체 근로자들에게 필요한 직무교육을 실시하고 있는 자료가 부족함
5	사업주는 도급업체(정비·보수) 작업에 대해 위험성평가를 실시하고 그 결과를 근로자에게 알려주는가?	8	사업주는 도급업체(정비·보수) 작업에 대해 위험성평가를 실시하고 있으나 자료의 보존이 필요함
6	사업주는 위험설비의 유지·보수작업에 참여하는 도급업체 근로자들에게 공정개요, 취급 화학물질 정보, 안전한 유지·보수작업을 위한 작업절차 등에 대하여 교육을 실시하는가?	8	사업주는 위험설비의 유지·보수작업에 참여하는 도급업체 근로자들에게 공정개요, 취급 화학물질 정보, 안전한 유지·보수작업을 위한 작업절차 등에 대하여 교육을 실시하고 있으나, 자료의 보존이 필요함
7	사업주는 도급업체 근로자 등이 공정 시설에 대한 설치·유지·보수 등의 작업을 할 때 필요한 위험물질 등의 제거, 격리 등의 조치를 완료한 후에 작업허가서를 발급하고 있는가?	8	사업주는 도급업체 근로자 등이 공정 시설에 대한 설치·유지·보수 등의 작업을 할 때 필요한 위험물질 등의 제거, 격리 등의 조치를 완료한 후에 작업허가서를 발급하고 있음
8	사업주는 도급업체 근로자 등이 공정시설에 대한 설치·유지·보수 등의 작업을 할 때 관련 규정의 준수여부를 확인하는가?	6	사업주는 도급업체 근로자 등이 공정시설에 대한 설치·유지·보수 등의 작업을 할 때 관련 규정의 준수여부를 확인하고 있으나 관련자료의 보관이 필요함
9	사업주는 도급업체 근로자들이 작업하는 공정 등에 대해서 주기적인 점검(순찰)을 실시하고 문제점을 지적, 개선하는가?	8	사업주는 도급업체 근로자들이 작업하는 공정 등에 대해서 주기적인 점검(순찰)을 실시하고 문제점을 지적, 개선하고 있음
10	사업주는 도급업체 사업주, 근로자의 안전보건에 대한 의견을 주기적으로 확인하고 문제점이 있는 것에 대해서 조치를 하는가?	8	사업주는 도급업체 근로자 등이 공정시설에 대한 설치·유지·보수 등의 작업을 할 때 관련 규정의 준수여부를 확인하고 있음

공정운전에 대한 교육 · 훈련			
구분	항목	면담/확인결과	
		점수	평가근거
1	공정안전과 관련된 근로자의 초기 및 반복교육을 실시하고 그 결과를 문서화하여 관리하는가?	10	분기별 2시간 PSM 관련 교육을 실시하고 있음
2	연간 교육계획을 수립하여 시행하는가?	10	연간 교육계획을 수립하고 있음
3	신규 및 보직 변경 근로자에 대하여 안전운전지침서 등에 대한 현장직무(OJT) 교육을 실시하는지	10	신규 및 보직 변경 근로자에 대하여 안전운전지침서 등에 대한 현장직무(OJT) 교육을 실시하고 있음
4	공정안전교육에 설비 전 공정에 관한 공정안전자료, 공정위험성평가서 및 잠재위험에 대한 사고예방 피해최소화 대책, 안전운전절차 및 비상조치계획 등이 포함되어 있는가?	8	PSM 내용에 대하여 교육의 항목에 포함되어 있음
5	관련 지침에 명시된 대로 교육누락자 또는 교육성과 미달자 등에 대한 재교육을 실시하고 있는가?	6	교육성과를 측정한 기록이 없으므로 미달자에 대한 재교육 및 재평가를 실시한 자료가 없음
6	교육강사는 교육생, 교육내용 등에 맞게 적절하게 선정되었는가?	8	안전관리자가 주로 실시하고 있으며. 필요에 따라 외부의 전문가를 활용하여 교육할 필요가 있음
7	안전관리자 등은 공정안전보고서 작성자 자격을 위한 교육을 이수하였는가?	8	PSM 관리자자의 경우 관련 교육을 받은 이력이 없음

가동전 점검지침			
구분	항목	면담/확인결과	
		점수	평가근거
1	가동전점검 지침이 산업안전보건법령, 동 고시 및 공단 기술지침을 참조하여 작성되어 있는가?	10	가동전 점검 지침이 산업안전보건법령, 동 고시 및 공단 기술지침을 참조하여 작성되어 있음
2	변경요소관리 등 사유발생 시 가동 전 점검을 하고 있는가?	10	가동 전 점검을 수행함
3	가동 전 점검표가 해당공정에 맞게 산업안전보건법령, 동 고시 및 공단 기술지침을 참조하여 선정되었는가?	8	기술지침을 참고하여 가동전 점검표를 선정하고 있음
4	가동 전 점검결과 개선항목이 적절하게 발굴되었는가?	10	가동 전 점검결과 개선항목이 발생하지 않음
5	가동 전 점검 시 지적된 사항들을 개선항목(Punch List)으로 작성하여 시운전까지 개선하는가?	8	관련 규정이 제정되어 있으나 가동 전 점검 시 지적된 사항이 발생하지 않음
6	실행계획서에 의해 개선항목이 이행되었는가?	10	실행계획에 관련 규정은 제정되어 있으나 개선항목은 발생하지 않음

공정사고조사			
구분	항목	면담/확인결과	
		점수	평가근거
1	공정사고조사지침은 산업안전보건법령, 동 고시 및 공단 기술지침을 참조하여 작성되어 있는가?	10	공정사고조사지침은 산업안전보건법령, 동 고시 및 공단 기술지침을 참조하여 작성되어 있음
2	사고조사 시 아차사고를 포함하여 사고조사를 실시하고 있는가?	10	공정사고는 발생하지 않았으며 아차사고에 대하여 조사보고서를 작성하고 있음
3	사고조사는 가능한 신속하게 적어도 24시간 이내에 시작하도록 규정하고 있는가?	10	24시간 이내에 사고조사를 실시하도록 규정되어 있음
4	공정사고조사팀에는 사고조사 전문가 및 사고와 관련된 작업을 하는 근로자(도급업체 근로자 포함)가 포함되는가?	8	규정에는 각 분야의 해당자가 조사에 참여하도록 규정되어 있으며 조사보고서의 내용에는 공장책임자가 참여하고 해당 작업자의 의견을 반영하고 있음
5	사고조사 보고서에는 필요한 세부사항이 포함되어 있는가?	8	사고조사보고서의 내용이 규정에서 정한 세부사항이 부분적으로 포함되어 있음
6	재발방지대책이 기술적, 관리적, 교육적 대책 등이 적절하게 작성되어 있는가?	8	재발방지대책이 기술적, 관리적, 교육적 대책 등을 구분하지 않고 통합적으로 기술하고 있음
7	재발방지대책의 개선계획이 적절하게 작성되어 개선 완료되었는가?	6	재발방지대책의 개선계획이 작성되어 있으나 최종 완료의 시점까지 관리상태가 미흡함
8	사고조사보고서, 재발방지대책 등의 내용을 근로자에게 알려주고 교육을 실시하는가?	10	지침상에서 교육을 실시하도록 규정하고 있으며, 교육을 실시하고 있음
9	사고조사 보고서를 5년 이상 보관하는가?	10	5년 이상 보관하도록 규정하고 있고, 사고조사보고서는 모두 보관하고 있음

변경요소관리(사업장이 제조공정에서 취급되는 화학물질의 변경이나 제조공정의 변경, 장치 및 설비의 주요구조 변경 또는 각종 운전·작업 절차의 변경이 있을 경우)			
구분	항목	면담/확인결과	
		점수	평가근거
1	변경요소관리지침이 산업안전보건법령, 동 고시 및 공단 기술지침을 참조하여 작성되어 있는가?	10	변경요소관리지침이 산업안전보건법령, 동 고시 및 공단 기술지침을 참조하여 작성되어 있음
2	변경요소관리 사항은 빠짐없이 변경요소관리 절차에 따라 처리되었는가?	8	변경절차에 따라 변경을 실시하고 있으나, 변경관리위원회의 활용서식이 절차서와 상이하므로 수정을 권고함
3	변경 요구서에 필요한 사항이 기재되어 있고, 기술적으로 충분한 근거를 제시하고 있는가?	8	변경요구서에 필요사항을 기재하고 있으며, 기술적 근거를 제시하고 있음
4	모든 변경사항을 목록화 하여 관리하고 있는가?	10	모든 변경사항에 대하여 목록화하여 관리하고 있음
5	변경 내용을 운전원, 정비원, 도급업체 근로자 등에게 정확하게 알려 주고 시운전전에 충분한 교육을 실시하는가?	8	해당근로자에게 교육을 실시하고 있음
6	변경관리위원회는 산업안전보건법령, 동 고시 및 공단 기술지침을 참조하여 구성되고 운영되고 있는가?	8	관련 규정에 변경관리위원회에 대해서는 기술지침을 참조하여 규정되어 있음
7	변경 시 공정안전자료의 변경이 수반될 경우에 이들 자료의 보완이 즉시 이행되고 있는가?	10	변경사항에 대하여 관련자료의 수정과 교육을 실시하고 있음

자체감사			
구분	항목	면담/확인결과	
		점수	평가근거
1	자체감사 지침이 산업안전보건법령, 동 고시 및 공단 기술지침을 참조하여 작성되어 있는가?	8	자체감사 지침이 산업안전보건법령, 동 고시 및 공단 기술지침을 참조하여 작성되어 있음
2	1년마다 자체감사를 실시하고 그 결과를 문서화하고 있는가?	8	자체감사를 실시하고 그 결과를 문서화하고 있음
3	자체감사팀에는 공정설계 또는 공정기술자, 계측제어, 전기 및 방폭기술자, 검사 및 정비기술자, 안전관리자 등 전문가가 참여하는가?	8	감사팀의 구성인력을 다양하게 구성하여 참여 할 것을 권고함
4	자체감사 내용에 PSM 12개 요소 등이 포함되는 등 적절한가?	8	자체감사 내용에 PSM 12개 요소 등이 포함되어 있음
5	자체감사의 방법은 서류, 현장 확인, 면담 등의 방법을 모두 활용하는가?	8	서류, 현장확인, 면담의 3가지 방법으로 시행하고 있음
6	자체감사 결과 도출된 문제점은 적절한가?	6	문제점도출이 공정안전자료, 실행 및 현장등에서 다양하게 도출 될 수 있도록 감사팀의 구성을 다양하게 할 것을 권고함
7	자체감사 결과 도출된 문제점을 문서화하고 개선계획을 수립하여 시행하였는가?	6	자체감사 결과 도출된 문제점을 문서화하고 개선계획을 수립하여 시행하고 있으나 문제점에 대하여 체계적인 관리가 요구됨
8	자체감사 결과보고서를 경영층에 보고하고, 세부내용을 전 근로자에 알려주는가?	8	경영층에 보고하고, 세부내용을 근로자에게 교육 하고 있음
9	감사결과 및 개선내용을 문서화한 보고서를 3년 이상 보존하면서 정도관리를 하고 있는가?	10	감사결과 및 개선내용을 문서화한 보고서를 3년 이상 보존하고 있음

비상조치계획			
구분	항목	면담/확인결과	
		점수	평가근거
1	비상조치계획에 최악의 누출시나리오와 대안의 누출시나리오를 기반으로 작성되어 있는가?	8	개정고시(17년 11월)에 따라 정량적 위험성평가를 시행한 최악의 시나리오도 비상조치계획에 반영 할 것을 권고함
2	화재·폭발 및 독성물질 누출사고 발생할 수 있는 다양한 사고 시나리오를 발굴하고 비상조치계획을 수립하는가?	10	화재, 폭발, 누출 등에 대하여 시나리오가 각성되어 있음
3	근로자들이 안전하고 질서정연하게 대피할 수 있도록 충분한 훈련을 실시하였는가?	10	정기적으로 비상대피 훈련을 실시하고 있음
4	비상조치계획에는 누출 및 화재·폭발사고 발생 시 행동요령이 적절히 포함되어 있는가?	8	비상조치계획에는 누출 및 화재·폭발사고발생 시 행동요령이 적절히 포함되어 있음
5	사업장 내(도급업체포함) 비상시 비상사태를 사업장내 및 인근 사업장에 전파할 수 있는 시스템이 갖추어져 있는가?	8	사업장 내 비상사태 전파 시스템으로 경종과 메가폰이 구비되어 있음
6	비상발전기, 소방펌프, 통신장비, 감지기, 개인보호구 등 비상조치에 필요한 각종 장비가 구비되어 정상적인 기능을 유지하고 있으며 정기적으로 작동검사를 실시하는가?	10	외부전문업체를 통한 전기·소방등 설비에 대한 정기적인 작동검사를 실시하고 있음
7	비상연락체계(주민홍보계획)는 주기적으로 확인하고 최신화된 상태로 관리되는지?	8	관련 규정에 비상연락 체계를 작성하고 있으나 주민홍보계획에서 보다 구체적으로 대상 및 방법 등에서 구체적인 표기가 요구됨
8	주변 사업장에 유해위험물질 및 설비 정보, 사고시나리오, 비상신호 체계 등을 알려주고 있는가?	8	관련 규정에 주변사업장에 관한 자료를 확보하고 있으며, 연락체계를 구비하고 있음

3. 현장확인표

현장확인			
구분	항목	면담/확인결과	
		점수	평가근거
1	보고서는 현장에 근로자들이 볼 수 있도록 비치되고 있는가?	10	보고서는 현장에 근로자들이 볼 수 있도록 조정실에 비치되어 있음
2	원료, 제품 및 설비 등이 공정안전자료와 일치하는가?	8	원료, 제품 및 설비 등이 공정안전자료와 일치되어 있음
3	현장의 정리정돈 상태는 양호한가?	10	비교적 양호한 상태로 관리되고 있음
4	위험물의 보관, 저장, 관리상태는 산업안전보건법령에 따라 적정한가?	10	보관장소를 별도로 지정하여 관리하고 있으며 필요한 양 만큼만 현장에서 사용하고 있음
5	안전밸브, 파열판, 긴급차단밸브, 방폭형전기기계기구, 가스누출감지기(경보기), 방유제, 내화설비 등의 관리상태는 양호한가?	8	안전관련 설비를 양호한 상태로 관리하고 있음
6	안전밸브, 파열판, 긴급차단밸브, 방폭형전기기계기구, 가스누출감지기(경보기), 방유제, 내화설비 등은 주기적으로 점검, 교정 등을 하는가?	8	연 1회 이상 점검, 교정을 실시하고 있음
7	비상대피로가 정상적인 기능을 할 수 있는가?	6	대체적으로 비상대피로가 정상적인 기능을 수행할 수 있도록 되어 있으나 대피로 표시를 바닥에 표기할 것을 권고함
8	개인보호구는 충분한 수량을 확보하고 있는가?	8	개인보호구의 수량이 적절하게 비치되어 있으나 상태확인이 필요 함.
9	개인보호구는 위험상황 시 근로자들이 즉시 사용할 수 있는 상태로 있는가?	8	개인보호구는 위험상황 시 근로자가 즉시 사용할 수 있도록 관리하고 있음
10	운전원, 작업자는 개인보호구 착용방법을 이해하고 정확히 착용하는가?	8	운전원, 작업자의 효과적인 대응을 위하여 개인보호구의 착용 방법에 대하여 이해하고 있음
11	위험물의 입・출하 절차를 규정하고 관리하에 수행되는가?	6	위험물의 입・출하 절차에 관하여 보다 구체적인 작성이 필요함
12	회분식 반응기의 화재, 폭발 대책은 충분히 고려되고 관리되고 있는가?	8	교반기의 조작을 위한 지침서가 마련되어 있으며, 화재 및 폭발을 대비하여 안전밸브의 설치와 방폭설비를 구비하고 있음

현장확인			
구분	항목	면담/확인결과	
		점수	평가근거
13	국소배기장치, 폐수처리장, 백필터 등 환경처리시설의 관리 및 가동은 정상적으로 수행되고 있는가?	8	국소배기장치, A/C흡착탑 등 환경처리시설의 관리 및 가동은 정상적으로 가동되고 있음
14	안전밸브 등 안전장치 후단의 배출물 처리는 안전한 장소로 연결되어 있는가?	10	A/C흡착탑으로 적절하게 처리하고 있음
15	배관 및 밸브의 표시 등은 적정하게 되어 있는가?	8	배관 및 밸브의 표시 등이 부분적으로 누락되어 있는 부분이 있으므로 적절한 관리가 필요함
16	알람리스트 등은 제대로 관리되고 있는가?	8	경보장치의 리스트를 현장 사무실에서 관리하고 있음
17	인터록의 관리상태는 양호한가?	8	A/C흡착탑의 인터록의 관리상태가 양호함
18	배관, 장치, 설비 중에 위험물의 누출 등이 발생하는 곳은 없는가?	10	이음부 부근에서 위험물 누출의 이력이 없음
19	제어실 등 양압시설은 25Pa 이상으로 적정하게 유지하고 있는가?	8	양압시설은 적정하게 관리되고 있으나 정기적인 확인(관리대장)이 필요함
20	스프링클러, 소화설비의 관리상태는 양호하며 주기적인 작동시험 등은 수행되고 있는가?	8	소화설비의 관리상태는 양호하며 외부전문업체를 통하여 주기적인 작동시험 등은 수행되고 있음
21	전기 접지 및 절연상태는 양호하고 주기적인 점검이 이루어지는지	10	전기설비 및 접지, 절연상태에 대하여 정기적인 절연저항을 측정하여 관리하고 있음

3.4 개선권고사항

개선권고사항은 감사결과에서 시정조치가 필요한 항목에 대하여 정리하고, 각 부서에 시정조치요구서를 발송하기 위한 전단계로써 사업장의 형태와 규모 및 조직의 구성에 따라 기준점수를 반영하여 시정조치(개선권고)를 시행한다. 즉, 6점 이하를 부여받은 항목에 대하여 개선을 시행하거나 좀 더 높은 수준의 관리를 추구하는 경우, 8점 이하도 개선조치 요구서를 발송할 수 있다. 그러나, 산업안전보건법령을 위반하는 사항이나 PSM에서 요구하는 항목을 위반하는 경우에는 반드시 시정조치요구를 하여야 한다. 다음은 감사결과 개선이 요구되는 사항을 정리한 내용으로 면담, 서류 및 현장을 포함하고 있으며, 감사결과보고서에 첨부하여 최고경영진에게 보고하고 각 해당부서에 시정조치요구사항을 발송하여야 한다.

(양식 5-1) 개선권고사항

2018년 PSM감사 개선권고사항

2018. 8. 7 ~ 8.

감사원1	감사원2	감사팀장	대표이사

평가항목	개선권고사항	해당부서	완료예정일	조치계획	확인
Ⅰ. 안전경영과 근로자참여 1) 면담대상: 공장장(팀장)	(1) PSM과 관련하여 조직원의 안전활동에 적극적으로 참여할 수 있도록 동기부여 제시를 권고함	경영			
2) 면담대상: 부장 · 과장 3) 면담대상: 조장 · 반장	(1) PSM의 목적과 12개요소의 내용에 대하여 개략적으로는 이해하고 있으나 PSM 12개 요소에 대하여 보다 정확하고 체계적인 이해가 요구됨	생산팀			
	(2) 안전작업허가절차에 대하여 개략적으로 알고 있으나, 안전작업의 종류, 각 작업별 점검사항에 대하여 상세하고 숙지하고 있을 것을 권장함	생산팀			
	(3) 공정위험성평가, 변경요소관리, 공정사고조사, PSM 자체감사, 비상훈련의 결과인 개선권고사항 및 처리현황에 대한 교육과 정기적인 확인이 요구됨	생산팀			
	(4) 설비의 점검 · 검사 · 보수계획, 유지계획 및 지침의 내용에 대하여 개략적으로 알고 있으나 담당설비에 대한 등급기준, 점검주기 및 점검내용에 대하여 구체적으로 숙지하고 있을 것을 권장함	생산팀			
	(5) 안전보건문제에 관하여 근로자의 의견을 수시로 청취하는 제안제도를 실시할 것을 권장함	생산팀			
4) 면담대상: 현장작업자	(1) 업무수행 시 P&ID, 폭발위험장소구분도 등 공정안전자료의 수시 활용이 요구됨	생산팀			
	(2) PSM 보고서의 가동전점검절차서, 안전운전절차서, 변경관리지침서의 내용 확인이 요구됨	생산팀			
	(3) 자체감사의 결과(시정사항), 위험성평가 결과 및 처리현황의 숙지가 요구됨	생산팀			

평가항목	개선권고사항	해당부서	완료예정일	조치계획	확인
Ⅰ. 안전경영과 근로자참여 7) 면담대상: 안전관리자	(1) PSM의 목적과 12개요소의 내용에 대하여 개략적으로는 이해하고 있으나 부서의 PSM 담당자로서 PSM 12개 요소에 대하여 보다 정확하고 체계적인 이해가 요구됨	생산팀/지원팀			
	(2) PSM 전반에 대하여 일정부분 권한을 부여 받고 있으므로 PSM 연간 세부추진계획을 수립할 경우 적극적인 참여를 권고함	생산팀/지원팀			
	(3) 자체감사의 결과(시정사항), 위험성평가 결과 및 처리현황의 숙지가 요구됨	생산팀			
Ⅱ. 공정안전관리(PSM) 1) 공정안전자료	(1) MSDS를 좀 더 용이하게 파악하기 위하여 물질 별로 다음 사항의 숙지를 권장함 ① 물질 별로 NFPA 지수를 파악하여 운용할 것을 권장함(NFPA 지수) 인체위험성(0~4) 연소위험성(0~4) 반응위험성(0~4) ② 인화점(Flash Point) ③ 폭발하한계(LFL) ④ 증기밀도(Vapor Density) ⑤ 노출허용농도(TWA) (2) 관련사항에 대한 교육필요	생산팀			
	(2) 사업장에서 사용하고 있는 물질에 대하여 목록화하여 작성하고 있으나, 독성치의 기재란에 모든물질에 대하여 독성값(경구, 경피, 흡입)을 추가하여 기재가 요구됨	생산팀			
	(3) 공정도면과 관련하여 이상 발생시에 인터록 및 작업중지 조건 등의 사항들을 17호의 2 서식을 사용하여 작성이 요구됨	생산팀			

평가항목	개선권고사항	해당부서	완료예정일	조치계획	확인
Ⅱ. 공정안전관리 (PSM) 1) 공정안전자료	(4) 설비배치도의 자료에 다음사항을 추가할 것을 권고함 1. 소화설비 설치계획서 작성추가 (별지 제 17호의 3서식) 2. 경보설비 설치계획서 작성추가 (별지 제 17호의 4서식) 3. 가스누출 경보기 설치계획서 추가 작성 (별지 제 17호의 5서식) 4. 국소배기장치 설치계획서 항목추가 (인터록 관련, 비상정지 시 발생원 처리 대책 등)	지원팀			
	(5) 전기단선도에 변압기 보호방식 및 전동기 연동제어기기를 추가하여 기재가 요구됨	생산팀			
2) 공정위험성 평가	(1) 공정위험성평가 절차서 평가기법의 종류에 JSA기법 등의 추가가 요구됨	생산팀			
	(2) 입·출하작업의 경우에도 위험성평가를 실시할 필요가 있음	생산팀			
	(3) 전문 교육을 수료할 것을 권장함. 위험성 평가 대상에 따라 평가인력(현장 참조)을 다양하게 구성하여 운영할 것을 권장함	생산팀			
	(5) 단위공장별로 대안의 사고 시나리오가 작성되어 있으나 최악의 사고 시나리오의 작성이 요구됨	생산팀			
	(6) 팀의 전 근로자들에게 해당 팀의 위험성 평가 결과 및 이행 조치사항에 대한 교육이 요구됨	생산팀			
	(7) 아차사고의 경우에도 위험성평가를 할 것을 권고함	생산팀			

평가항목	개선권고사항	해당부서	완료예정일	조치계획	확인
Ⅱ. 공정안전관리 (PSM) 3) 안전운전지침과 절차	(1) 연동설비(A/C 흡착탑)의 바이패스 절차를 작성 및 시행할 것을 권장함	생산팀			
	(2) 정비 후 운전개시 및 운전범위를 벗어난 경우에 대하여 구체적으로 작성이 요구됨	생산팀			
	(3) 변경사유가 발생할 경우 교육을 실시할 수 있도록 교육 계획서에 추가할 것을 권장함	생산팀			
4) 설비의 점검 · 검사 · 보수 계획, 유지계획 및 지침	(1) 부속설비에 대한 점검 · 검사 · 보수 계획, 유지계획이 작성되어 있지 않아 이에 대한 세부적인 작성을 권고함	생산팀			
	(2) 구매사양서에 기기의 품질을 확보하기 위한 재료의 최소두께, 비파괴검사, 열처리 및 수압시험을 하도록 세부적으로 관리할 필요가 있음	생산팀			
	(3) 설비의 잔여수명에 대한 기준을 제정하여 운용할 것을 권고함	생산팀			
	(4) 각 기기별로 유지 · 보수에 필요한 예비품 목록의 적절한 관리가 필요함	생산팀			
	(5) 압력, 두께 등이 기재된 구매사양서를 PSM 보고서에 첨부 및 기기 및 기자재의 품질관리를 할 것을 권장함.	생산팀			
	(6) 기기 및 기자재의 품질관리의 요구조건을 제정하여 운영할 것을 권고함	생산팀			
	(7) 설비정비이력을 기록 관리하고 있으나 관련자료를 분석하여 예방정비에 활용하도록 기준을 제정할 것을 권고함	생산팀			
5) 안전작업허가 및 절차	(1) 안전작업허가서에 책임자의 서명이 누락되는 부분이 없도록 관리가 요구됨	생산팀/지원팀			
	(2) 굴착작업절차서 구비를 권장함	지원팀			
	(3) 화기작업 시 작업대상 내 인화성가스농도 측정, 가연성분진의 존재 여부 등을 파악하고 있으나, 배관계장도 검토사항에 의한 맹판설치 및 밸브차단 등의 조치와의 연관성이 부족함으로 허가서의 확인 항목을 추가할 것을 권고함	지원팀			

평가항목	개선권고사항	해당부서	완료예정일	조치계획	확인
Ⅱ. 공정안전관리(PSM) 6) 도급업체 안전관리	(1) 사업주는 도급업체 근로자 등이 공정시설에 대한 설치·유지·보수 등의 작업을 할 때 관련 규정의 준수여부를 확인하고 있으나 관련자료의 보관이 필요함	지원팀			
	(2) 관련 규정에 도급업체(정비분야) 선정 시 안전보건 분야에 대한 평가를 실시하도록 되어 있으므로, 관련 자료와 실적을 확보할 필요가 있음	지원팀			
	(3) 정비에 관한 도급업체의 직무교육 실시 여부등을 확인 할 수 있는 관련 자료와 실적을 확보할 필요가 있음	지원팀			
7) 공정운전에 대한 교육··훈련	(1) PSM 이해를 위하여 조직원에 대하여 PSM과 관련한 과정을 외부교육기관을 통하여 수강할 수 있도록 계획을 수립할 것을 권장함	생산팀			
	(2) 교육을 안전관리자가 주로 실시하고 있으므로, 필요에 따라 외부의 전문가를 활용하여 교육할 것을 권장함	생산팀			
	(3) 교육 후 Test를 통하여 성과 미달자 등에 대한 재교육을 실시할 것을 권장함	생산팀			
9) 공정사고조사 지침	(1) 사고조사보고서의 재발방지대책이 기술적, 관리적, 교육적 대책 등을 구분하지 않고 통합적으로 기술하고 있으므로, 양식을 변경하여 세부적으로 대책을 기술할 수 있도록 양식 변경을 권장함	지원팀			
	(2) 재발방지대책의 개선계획이 작성되어 있으나 최종 완료의 시점까지 관리상태가 미흡 함으로 완료여부를 확인하여 종결처리를 권고함	지원팀			
	(3) 사고조사를 위하여 사고조사 팀의 구성을 위하여 관련규정에 참여인력의 범위를 회사 실정에 맞게 수정할 것을 권고함	지원팀			

평가항목	개선권고사항	해당부서	완료예정일	조치계획	확인
Ⅱ. 공정안전관리(PSM) 10) 변경요소 관리계획	(1) 변경절차에 따라 변경을 실시하고 있으나, 변경관리위원회의 활용서식이 절차서와 상이하므로 수정을 권고함	지원팀			
11) 자체감사	(1) 자체 감사팀에는 각 분야의 전문가(관련 교육 이수)가 참여하여 자체감사를 할 수 있도록 권장함 - 조직원들에 대한 PSM 이해도를 높이기 위하여 외부 기관을 통한 교육을 수강 할 수 있도록 계획을 수립할 것을 권장함	지원팀			
	(2) 문제점도출이 공정안전자료, 실행 및 현장 등에서 다양하게 도출될 수 있도록 감사팀의 구성을 다양하게 할 것을 권고함	지원팀			
12) 비상조치 계획	(1) 관련 규정에 비상연락 체계를 작성하고 있으나 주민홍보계획에서 보다 구체적으로 대상 및 방법 등에 구체적인 표기가 요구됨	지원팀			
	(2) 개정고시에 따라 정량적 위험성평가를 시행한 최악의 사고시나리오를 작성하여 비상조치계획에 반영 할 것을 권고함	지원팀			
Ⅲ. 현장확인	(1) PSM 보고서는 관리 사무실 외 실질적인 설비를 운용하고 관리하는 부서의 사무실에도 최신PSM 보고서를 비치 할 것을 권장함	생산/공무팀			
	(2) 현장실태에 맞는 비상조치계획(대피, 대피로, 피난처등)의 표시 및 관리를 권장함	생산/공무팀			
	(3) 방폭지역에서 비방폭공구의 사용금지	생산/공무팀			

평가항목	개선권고사항	해당부서	완료예정일	조치계획	확인
Ⅲ. 현장확인	(4) 안전한 화물차의 하역을 위한 지정위치 표시	생산/ 공무팀			
	(5) 설비에 부착되어 있는 게이지의 적정범위 표시	생산/ 공무팀			
	(6) 교반기의 회전축부위의 보호커버 설치요함	생산/ 공무팀			
	(7) 세안·세척시설의 주변에 대한 정리·정돈이 요구됨	생산/ 공무팀			
	(8) 안전보호구의 적절한 상태여부를 확인하기 위하여 안전보호구함에 부착되어 있는 현황표에 상태점검 항목을 추가하여 관리가 요구됨	생산/ 공무팀			
	(9) 작업장 내부에서 사용하고 있는 소분병에 MSDS에 의한 위험표지를 부착요함	생산/ 공무팀			
	(10) 교반기에 부착되어 유체의 제어를 하는 모든 밸브에는 개폐표시를 할 것을 권장함	생산/ 공무팀			
	(11) 방폭지역을 관통하는 배관주변의 관통부분은 밀봉조치를 요함	생산/ 공무팀			

3.5 시정조치요구서

시정조치요구서는 감사팀에서 개선하여야 할 부서로 보내는 문서로서 각 부서별로 작성하여 개선완료일을 제시하여 발송한다. 여기에서는 많은 개선사항 중에서 생산부에 대해서는 2가지만 예로써 작성하였으므로 실제 사업장에서는 모든 개선사항을 작성하여 송부하여야 한다. 또한 지원팀에 대해서도 한 가지의 예만 작성하였으나 실제 사업장에서는 해당되는 모든 내용을 작성한다.

시정조치요구서(예)

발행일 : 18년 8월 13
발행번호 : 18-1
공정지역(해당부서) : 생산팀

결재	감사의원	감사팀장
	김감사	강팀장

공정안전관리항목 (12개 항목)	시정항목	책임부서	완료요구일
1. 현장점검	MSDS에 의한 위험표지부착	생산팀	8월 30일
2. 현장점검	배기덕트추가	생산팀	9월 5일

결재	감사위원	감사팀장
	김감사	강팀장

시정조치요구서

발행일 : 18년 8월 13
발행번호 : 18-2
공정지역(해당부서) : 지원팀

공정안전관리항목 (12개 항목)	시정항목	책임부서	완료요구일
1. 비상조치계획	비상시나리오에 의한 인근주민 및 사업장에 통보방안	지원팀	8월 30일

3.6 개선계획서

개선계획서는 개선요구서를 전달받은 부서에서 감사부서로 발송하는 서류이다. 개선에 필요한 내용에 대하여 충분한 검토를 하여 개선완료일을 정하여 감사팀으로 송부한다. 이때 개선에 소요되는 기간이 단기간인 경우에는 1달 이내로 완료하는 것을 원칙으로 하고 장기간이라도 1년을 초과해서는 안 된다. 계획서에 완료예정일과 책임자를 결정하여 감사부서로 전달한다. 개선요구서에서 제시된 완료일보다 장기간이 소요되는 경우에는 미개선 사유서를 작성하여 감사부서로 송부한다. 장기간이 소요되는 경우로는 연속식 설비에서 작업을 중단하기가 어려운 경우와 정기수리 기간이 도래하는 경우 및 개선사업비가 많은 금액이 예상되는 경우에 장기적인 관점에서 개선사항 등이 있다. 여기서는 생산부서에서 한 가지와 지원부서의 한 가지를 개선할 내용을 작성하였다.

결재	담 당	부 서 장
	김기사	김부장

개선계획서(1)

부서명	생산팀	공정명	반응공정	작성일자	2018 년 8 월 21 일

발행번호	자체감사결과	조치예정일	책임부서
18-1-1	소분용기에 MSDS에 의한 위험표지의 미부착	8월 25일	생산팀

개선계획서(2)

결재	담 당	부 서 장
	김기사	김부장

부서명	지원팀	공정명	비상 시나리오	작성일자	2018 년 8 월 22 일

발행 번호	자체감사결과	조치예정일	책임부서
18-2-1	화학물질 누출 및 폭발로 인한 피해를 감소하기 위한 인근주민 및 사업장에 통보방안 미흡	8월 26일	지원팀

3.7 시정조치완료보고서

시정조치완료보고서는 각 부서에서 개선사항에 대한 조치가 완료되는 경우에 감사부서로 송부하는 조치를 완료했다는 문서로서 1차적으로 조치 책임부서에서 조치를 하고 감사부서에 확인을 요구하는 문서이다. 여기서는 생산부서에 두 가지의 조치요구가 있었으나 한 가지는 정해진 기간 내에 처리를 하여 완료보고서를 제출한 경우이다. 나머지 한 가지에 대해서는 다음에 설명하는 개선 지연사유서를 발송하여 처리를 한다. 시정조치 완료보고서는 생산부서에서 한 가지와 지원부서의 한 가지를 조치하여 완료보고서를 작성하였다. 다음 과정으로는 감사부서에서 적절하게 개선하였는지를 확인하는 단계가 남아있다.

시정조치 완료보고서(1)

결재	담 당	부 서 장
	김기사	김부장

부서명	생산팀	공정명	반응공정	작성일	2018 년 8 월 29 일

발행번호	조치사항	조치 완료일	시정조치결과	책임부서
18-1-1	모든 소분용기에 아래(개선후)와 같은 위험표지를 부착함	8월 29일	산업안전관련법령에서 정하는 기준을 만족함	생산팀

개선전(사진)	개선후(사진)
	명칭 또는 물질명 : ○○○○○  위험  유해위험문구 예방조치문구 공급자 정보 : ○○○○

결재	담 당	부 서 장
	김기사	강부장

시정조치 완료보고서(2)

부서명	지원팀	공정명	비상시나리오 작성	작성일	2018 년 8 월 29 일
발행번호	**조치사항**	**조치 완료일**	**시정조치결과**	**책임부서**	
18-2	비상사태가 발생하는 경우 신속한 사태전파를 위하여 긴급연락처와 전달내용을 작성	8월 29일	주변사업장 및 주민에게 신속하게 비상사태를 전달할 수 있음	지원팀	

개선전(내용)	개선후(내용)
"없음"	(아래 표)

	지역	공장	대표전화
지역공장현황	00리	00공장	000-0000
	00리	00공장	000-0000
인근지역주민	00리		
	이장	0 0 0	010-000-0000

3.8 시정조치완료확인서

시정조치 완료확인서는 각 조치부서 즉, 생산부서나 지원부서에서 시정조치완료보고서를 작성하여 전달된 사항에 대하여 감사부서에서 확인하여 적절하게 개선되었음을 확인한 문서이다. 생산부서에서 전달된 MSDS 미부착에 대한 사항을 점검하여 적절하게 개선된 경우에 완료확인을 하여 그 상태로 유지관리가 되도록 생산부서에 확인을 해주는 문서이다.

많은 사업장에서 감사를 수행한 결과 완료확인서의 발급 없이 개선을 종료하는 경우가 발생하기도 한다. 상당수의 사업장에서 실제 개선조치를 하였으나 절차에서 정하고 있는 절차를 준수하지 않는 경우가 있는데, 이는 절차를 준수하여야 하는 PSM 법규를 위반하는 결과가 되므로 주의하여야 한다. 관련문서 없이 구두로 확인하고 구두로 처리하는 경우에는 개선되어야 할 사항이다. 다음의 문서는 생산부서와 지원부서의 개선이 적절하게 처리되었음을 확인하는 문서로 사업장에서 참고하여 사용할 수 있다.

결재	담당	안전팀장
	김안전	강팀장

시정조치완료확인서(2)

<table>
<tr><th>부서명</th><td>지원팀</td><th>공정명</th><td colspan="2">비상시나리오</td><th>작성일</th><td>2018 년
8 월 30일</td></tr>
<tr><th>발행번호</th><th colspan="3">감사결과</th><th>조치
완료일</th><th colspan="2">시정조치
확인결과</th><th>시정조치
책임부서</th></tr>
<tr><td>18-2-1</td><td colspan="3">화학물질 누출 및 폭발로 인한 피해를 감소하기 위한 인근주민 및 사업장에 통보방안 미흡</td><td>8월 29일</td><td colspan="2">PSM 자체감사에 의한 시정조치요구사항에 대하여 조치사항을 점검한 결과 관련 규정을 준수함</td><td>지원팀</td></tr>
<tr><td>개선
사항</td><td colspan="7">
<table>
<tr><th>개선전(내용)</th><th>개선후(내용)</th></tr>
<tr><td>“없음”</td><td>
<table>
<tr><td rowspan="3">지역
공장
현황</td><td>지역</td><td>공장</td><td>대표전화</td></tr>
<tr><td>00리</td><td>00공장</td><td>000-0000</td></tr>
<tr><td>00리</td><td>00공장</td><td>000-0000</td></tr>
<tr><td rowspan="2">인근
지역
주민</td><td colspan="3">00리</td></tr>
<tr><td>이장</td><td>0 0 0</td><td>010-000-0000</td></tr>
</table>
</td></tr>
</table>
</td></tr>
</table>

3.9 개선지연사유서

자체감사결과 개선하여야 할 사항이 발생하였지만 장기적인 관점에서 개선이 필요한 경우에 작성하는 서류이다. 즉, 개선을 하는 데 정기수리 기간에 개선할 수밖에 없는 경우와 큰 예산이 수반되는 경우 회사의 결정에 따라 실행을 하고자 할 때 개선지연사유서를 작성한다.

개선지연사유서

개선지연사유서(예)	결재	담당	부서장
		김기사	강부장

부서명	생산팀	공정명	생산부	작성일자	2018 년 8월 20 일

발행번호	자체감사결과	조치 요구 예정일	최종완료예정일	책임부서
18-1(2)	■ 시정사항 : 배기덕트의 용량부족 ■ 개선대책 : 배기덕트의 추가설치 ■ 지연사유 : 정기수리기간('19년 7월)에 개선할 예정임	'18년 9월 5일	'19년 6월 5일	생산팀

3.10 교육결과보고서

교육결과보고서는 감사결과에 따라서 개선한 사항에 대하여 교육을 실시하고 작성하는 문서이다. 물론 교육에 관한 사항은 교육에 관한 규정에서 정하는 절차에 따라 교육을 실시하고 그 결과서를 작성한다. 사업장에서 많은 지적사항 중의 하나가 감사결과에 대한 사항과 개선사항에 대한 내용을 교육에서 누락하는 경우가 많이 발생한다.

교육을 실시하고 결과서에는 반드시 교육내용을 정확하게 작성하여야 한다. 면담결과 감사내용에 대한 교육을 받았고 교육을 실시하였다고 응답했으나 교육결과보고서에는 없는 경우가 발생하는 경우에도 지적사항으로 될 수가 있으므로 주의하여야 한다. 교육 후에는 피교육자의 서명을 반드시 확인하고 교육대상 인원과 서명자의 인원이 일치되어야 한다. 최근의 사례에서 교육생은 11명으로 기재하고 서명란에는 13명이 서명한 경우도 있었다.

교육결과보고서

생산팀

교 육 구 분	PSM 감사관련 자체안전교육	교 육 일 시	일시 : '18년 9월 2일 시간 : 09:00~10:00
교 육 장 소	생산팀 회의실	교 육 강 사	직위 : 생산팀장 성명 : 김팀장 (인)
교 육 대 상	생산/지원팀 10명	참 석 인 원	10명

교육내용 : PSM 감사 지적사항 및 개선사항

첨 부 : 안전교육이수자 서명부
사용교재 : PSM 감사점검표 및 지적사항

교육평가 : 교육규정에 의한 질의응답법으로 평가실시함

3.11 교육이수자 서명부

교육이 종료되고 교육절차서에 따라서 작성하는 문서로 자체감사와 관련한 내용을 교육하고 작성한다. 교육결과서와 일치되게 인원수를 확인하고 필요하면 교육현장의 사진을 첨부하여 완료하는 경우도 있다. 또한 교육 후에는 교육의 성과에 대하여 평가를 실시하여야 하는데, 교육절차서에서 규정한 방법으로 평가를 실시하면 된다. 여기서는 교육절차서에 질의 응답법으로 확인하도록 규정되었다고 가정하고 평가란을 작성하였다. 만약에 시험지법으로 평가하도록 규정되어 있다면 반드시 시험지를 사용하여 점수를 채점하여 평가를 실시하여야 한다. 많은 사업장에서 평가에 대하여 어려움을 느끼고 있으나 안전을 확보하는데 교육의 중요성이 크므로 작업자의 수준을 향상시키기 위하여 성실히 진행하여야 한다.

교육이수자 서명부

팀 명 : 생산/지원팀 교육 일시 : 2018년 9월 2일

번호	성 명	서 명	평가결과	번호	성 명	서 명	평가결과
1	000	김기사	우수	16			
2	-	-	보통	17			
3	-	-	우수	18			
4	-	-	-	19			
5	-	-	-	20			
6	-	-	-	21			
7	-	-	-	22			
8	-	-	-	23			
9	-	-	-	24			
10	-	-	-	25			
11				26			
12				27			
13				28			
14				29			
15				30			

3.12 기타

여기까지 자체감사를 실행하고 결과를 작성한 내용을 제시하였으나 여기서 반드시 실행하여야 하는 부분이 있다. 그것은 개선하여 절차서가 변경되는 경우와 설비의 라인이 변경되는 경우에 PSM규정에서 정하는 내용에 따라 변경관리절차를 반드시 실행하여야 한다. 변경관리절차는 변경관리절차서에서 정하고 있는 내용을 준수하여 실행한다. 사업장에 준비된 각종 절차는 반드시 절차대로 실행되어야 하므로 하나의 누락도 없이 진행하여야 한다. P등급의 사업장은 모든 사항에 대하여 지침서로 작성하여 준수하고 있는 경우가 대부분이다. 그만큼 고민하고 경험을 바탕으로 준비하여 실행하고 있는 높은 단계의 관리능력을 보여주고 있다. 또한 면담을 진행하다보면 PSM에 대한 관심도와 절차서의 내용에 대하여 해박한 지식을 소유하고 있는 점도 확인이 된다. 변경관리가 진행되면 또한 관련내용을 교육하고 교육의 성과에 대하여 평가를 하여야 한다.

6 감사 시 지적사항 사례

이 장에서는 자체감사에서 자주 발견되는 사항을 정리한 내용으로 사업장에서 감사에서 중점적으로 확인할 사항이기도 한다. PSM은 사업주가 안전관리방향을 약속한 내용대로 관련 규정을 반드시 준수하여야 한다. 문장 하나가 법규와 같은 것으로 위반 시에는 금전적 손해를 감수하여야 한다. 물론 안전사고의 방지가 우선이다. 자체감사에서 정확히 확인하고 문제점을 개선해나갈 때 안전관리의 수준이 향상되기 때문에 자체감사가 PSM의 중요요소라 할 수 있다. 자체감사가 어렵게 느껴지는 경우에 감사의 일정을 미루는 경향이 있고, PSM 담당자의 PSM 이해도가 낮아 감사실행을 망설이는 경우도 있다. 물론 나름대로 사정이 있다. PSM 담당자가 맡고 있은 업무가 한두 가지가 아닌 경우도 있고 또한 혼자서 많은 PSM 업무를 수행하다보니 그러한 문제가 발생하는 경향도 있다. 그러므로 PSM은 모든 사원이 참여하여 전사적으로 진행하여야 하는 이유가 된다. 자체감사는 어려운 분야가 아니다. 규정되어 있는 절차대로 수행하면 어려움 없이 진행이 가능하다. 다음은 감사분야의 하나인 면담에서 자주 언급되는 지적사항이다.

1.1 안전경영과 근로자참여

감사대상	개선사항
대표이사	PSM 12개 요소에 대하여 기본적인 이해수준이고 좀 더 개인적인 관심이 필요함
	전사적으로 PSM 이행분위기 향상을 위해 노력하고 있으나, 사업장의 특성을 살려 독특한 PSM 이행 추진목표를 수립할 것을 요구함
부서장	PSM의 목적과 12개 요소의 내용에 대하여 개략적으로는 이해하고 있으나 PSM 12개 요소에 대하여 보다 정확하고 체계적인 이해가 요구됨
	안전보건문제에 관하여 근로자의 의견을 수시로 청취하는 시스템이 구축되어 있지 않음
	공정위험성평가, 변경요소관리, 공정사고 및 자체감사의 개선사항 및 처리현황에 대하여 보고받은 이력이 없으므로 적극적으로 참여가 요구됨
	설비의 점검・검사・보수계획, 유지계획 및 지침의 내용에 대하여 구체적인 이해가 적음
조반장	PSM의 목적과 12개 요소의 내용에 대하여 이해력이 부족하므로 팀의 중간관리자로서 PSM 12개 요소에 대하여 보다 정확하고 체계적인 이해가 요구됨
	안전보건문제에 관하여 근로자의 의견을 수시로 청취하는 제도를 실시한 이력이 없으므로 제도를 시행할 것을 권장함
	안전작업허가절차에 대하여 이해도가 낮으므로 안전작업의 종류 및 각 작업별 점검사항에 대하여 관심이 필요함
	설비의 점검・검사・보수계획, 유지계획 및 지침의 내용에 대하여 이해도가 낮으므로 교육이 필요함
현장작업자	업무수행 시 MSDS, P&ID 등에 대한 접근도가 적음
	운전능력은 있으나 공정안전보고서의 내용과 관련한 절차의 이해도가 낮아 현장실행에서 절차서와 일치성이 낮음
	변경사항에 대하여 구체적인 교육을 받은 이력이 없으므로 안전부서에서 계획에 의한 교육이 필요함
	사고의 이력은 없으나 아차사고에 대해서도 원인 분석이 요구됨
	위험성평가의 결과에 대해 인지사항이 없어 교육이 필요함
	비상사태 시 자신의 임무에 대하여 구체적인 역할을 숙지하지 못함
	작업수행 시 공정안전자료를 활용이 미흡하며, 취급하는 위험물질의 인화점, 독성치 등 구체적인 수치의 숙지가 미흡함

	폐수처리, 보일러 등 가동전 점검에 대해서 알고 있으나, 설비별 세부적인 점검절차를 알지 못함
	보고서에 기재된 안전운전절차 내용(정상운전,비정상운전,위험물질의특성,비상조치계획)의 숙지가 미흡함 (작업 시 수시로 확인하여 절차를 숙지하여야 함)
정비보수 작업자	산업안전법에 관한 사항을 교육을 받은 이력이 있으나 PSM보고서와 관련한 교육을 받은 이력이 없음
	절차서와 연관하여 안전상의 조치에 대한 사항을 교육받은 이력이 없음
	밀폐공간작업의 위험성은 인지하고 있으나 안전상의 조치를 절차서와 연관하여 교육을 받은 이력이 없음
도급업체	작업지역 내에서 지켜야 할 안전수칙 및 출입 시 준수해야 하는 통제규정에 대해 교육을 받은 이력이 없음
	주된 연료인 가스(NG)에 대한 위험요소의 이해도가 낮은 상태임
	PSM에 관련한 일반사항은 이해하고 있으나 절차서에서 정하고 있는 구체적인 조치사항은 이해하지 못함

※ 면담에서 가장 중요하게 고려하여야 할 사항은 면담에 참여하는 관계자의 PSM과 관련한 전문지식이 풍부하여야 한다는 점이다. PSM의 기본적인 12대 요소조차 숙지하지 않고 있다면 이는 심각한 문제임이 틀림없다. 즉 높은 수준(P등급)의 PSM 운용능력을 인정받고 싶다면 지속적인 교육과 관계자의 높은 참여가 필수적이다. 어느 사업장(S사)의 중간 관리자와 면담과정에서 12대 요소, PSM 규정의 항목과 내용의 이해도가 높아 외부 전문위원으로 참여한 본인도 놀랐던 경험이 있다. 중대산업사고를 예방하기 위하여 실시하는 PSM 실천은 모든 관계자의 참여 속에서 그 성과를 나타낼 수 있다. 결론은 지속적인 교육과 관심에서 해답을 찾을 수 있다.

1.2 안전운전자료

많은 사업장에서 지적사항이 많이 발견되는 분야로 특히 새로운 물질을 사용하거나 설비의 변경이 있는 경우에 정상적으로 반영을 하지 않기 때문이다. 변경사유가 발생하는 경우 즉시 반영하여 수정, 추가하여야 주로 업무를 미루다 보면 나중에는 잊어버리는 경우도 있고 틀리게 수정하기도 한다. 또한 PSM 규정이 변경되는 경우 즉시 반영하여야 하나 법규의 검토가 늦어 정상적으로 반영이 되지 않는 경우에도 지적사항으로 발견된다. 다음은 안전운전자료 항목에서 발견되는 지적사항으로 사업장에서 정기적으로 감사를 진행 할 때 참고로 사용이 가능하다.

감사대상	개선사항
유해・위험 물질 목록	일일 취급량은 사업개요의 취급량과 일치시켜야 함
	유해・위험물질 목록에 기록되어 있는 자료는 MSDS 근거로 수정
	혼합가스(특히 수소가 포함되어 있는 경우)의 경우 각각 물질의 폭발한계를 기록하고 가장 위험한 물질을 기준으로 관리하는 것이 바람직함
	취급물질의 상태(외부 누출시 상태)에 따라 기체일 경우에는 LC값을 기록하는 것이 바람직함
	운전 중 발생하는 부산물을 포함한 모든 물질에 대한 MSDS를 확보하고 유해・위험물질 목록에 등록하여 관리
	GHS 지침에 따라 [가. 유해 위험성 분류]와 그림문자 및 신호어 일치
	물질안전보건자료에 공급자 정보를 누락 없이 기재하고 업체변경 시 up-date 할 것
	경고표지에 공급자 정보를 누락 없이 기재할 것
동력기계목록	주요 재질은 KS/ASTM 규격에 따른 재질 기호로 기재
	방호장치의 종류에 법적인 안전/ 방호장치 및 모터보호장치(THT/R, EOCR, EMPR 등) 기재
	비고에 인버터 또는 기동방식 등 기재
장치 및 설비명세	압력용기의 경우 비파괴검사를 실시하여야 함
	용접효율은 비파괴검사율 및 용접방식에 따라 결정되어야 함
	독성물질을 취급할 경우 비파괴검사를 100% 실시
	후열처리 여부는 사용재질, 두께 등을 기준으로 판단하여 누락되어 있을 경우 실시하도록함
	개스킷 재질은 상표명이 아니라 일반명으로 제시
	사용 재질은 KS/ASTM 규격에 따른 재질 기호로 기재
	비고에 안전인증 및 안전검사 등 적용된 법령 기재
	압력용기 인증 대상일 경우 안전인증서 제출
배관 및 개스킷	독성물질을 취급하는 배관은 비파괴검사를 100% 실시할 수 있도록 권장

명세	배관의 분류코드에 따른 설계온도/압력은 배관 Spec상에 기록되어 있는 설계온도/압력을 기록 - 설계온도에 따라 설계압력을 변경하여 기록(설계온도가 높은 경우 설계압력은 낮아짐)
	P&ID Line No상에 기록되어 있는 분류코드에 따라 배관 명세를 제시
	설계온도에 Ambient는 확인하여 수치로 기재
안전밸브 및 파열판 명세	안전밸브의 배출용량은 필요분출용량과 실제분출 용량을 각각 제시
	안전밸브 등의 보호기기 운전 및 설계압력은 "장치 및 설비명세"와 일치
	안전밸브의 설정치에 따라 정밀도 조정
	P&ID를 근거로 안전밸브 등의 배출연결부를 확인하고, 안전밸브 등의 작동원인은 관련 설계사양서를 확인
	재질은 KS/ASTM 규격에 따른 재질 기호로 기재
	배출용량과 정격용량은 (kg/hr) 단위로 누락되지 않도록 기재
	안전밸브 배출용량 계산서 제시
	안전밸브 분출 설정값을 현장과 일치시킬 것
공정도면	펌프 토출측에 압력계 및 Check Valve 누락 - 토출측의 차단밸브 후단에 압력계 설치
	범례도와 PFD 및 P&ID의 일치
	Signal 별로 구분하여 인터락 번호 및 설정값 기재
	Control V/V 및 Regulator 의 Normal/Fail Position 기재
	자동밸브는 밸브번호로 관리
	정압기에 설치된 안전밸브의 전후단에 설치된 밸브는 C.S.O 기재
	배관번호는 누락 없이 기재하고 일련번호로 관리
	Cooling Water Line 및 Tower Reflux Line에 설치되어 있는 Control Valve의 Failure position는 공정도면 position이 F.C임 일반적으로 F.O로 설치 - 공정운전 조건에 따라 F.C가 더 안전할 경우 F.C로 설치할 수도 있음
	고압펌프의 Min. Flow Line는 펌프 토출측 차단밸브전단에 설치하는 것이 바람직함
	ATM 운전 Vessel 또는 탱크의 통기구에 설치되어있는 차단밸브를 제거하거나 또는 차단밸브가 잠겨져 있을 경우 압력이 상승할 수 있을 경우 안전장치를 설치하여야 함.
	인화점이 38℃ 미만인 위험물질을 저장하는 탱크의 통기구(대기 Vent)에 화염방지기를 설치

	독성물질을 취급하는 설비에 설치되어 있는 안전밸브전단에는 파열판을 설치하고 안전밸브와 파열판 사이에는 압력계 설치
	Back Pressure가 있을 경우에는 벨로우즈 type을 설치하는 것이 바람직함
	안전밸브 토출측 배관은 국소배기장치의 닥트와 별개로 구성하여야 함
	안전밸브 등의 전·후단 및 Main Header에는 차단밸브를 설치하지 말아야 함 - 안전밸브 등을 복수로 설치할 경우 차단밸브를 설치할 수 있음 - Main Header에 차단밸브를 설치할 경우 운전실에서 차단밸브의 열린 상태를 확인할 수 있도록 하여야 함
	위험물질을 배출하는 안전밸브 토출배관은 환경처리설비로 연결하여야 함
	PSM 구역 및 설비를 명확하게 규정하고 안전장치(안전밸브, 소화설비, 주요 안전 인터록 등), 예방장치(화재, 가스 감지기 등) 등을 포함하여 작성
	이상발생 시의 인터록 작동조건 및 가동중지 범위의 최종 작동설비는 인터록에 의해 최종 작동되는 설비번호 기재
	제어실 가스 수신반에 감지기 위치를 도면에 표기할 것
기타	배관지지대 및 전선과 지지대도 내화설비를 하여야 함
	독성물질 취급 공정에는 독성물질 가스감지기를 설치하여야 함
	건물 전체 배치도 소방차 이동경로 및 소방도로의 폭과 단위공정 간 안전거리 표기
	가스감지기 설치계획 비고에 가스감지기 방폭 여부 및 방폭등급 기재 가스감지기의 설치 높이 기재. 수신반은 도면에 표기
	세안·세척 안전보호장구 설치계획 안전보호구 착용 기준을 작업 시, 화재 시 등으로 분리하여 구체적으로 명시
점검표항목	- 개정된 고시에 맞게 사업개요 양식변경이 필요함 - 물질명에 MSDS상의 제품명을 기입하여야 함(차아염소산나트륨등) - 물질명에 황산의 농도를 기입하여야 함 - 수산화나트륨은 최신 MSDS를 확보하여 급성독성 여부를 확인하여야 함 - 독성치는 내규에 따라 경구, 경피, 흡입 모두를 기재하여야 함 - 사업장에서 취급하는 모든 물질의 MSDS를 확보하고 목록화하여야 함(Fuelgas, 질소 등누락) - FuelGas의 경우 폭발상·하한값 등을 측정하여 MSDS 보완이 필요함
	- 물질안전보건자료는 최신본으로 확보하여 관리하여야 함
	- 개정된 고시에 따라 방호장치의 종류에는 모터보호장치를 추가하여야 하고, 비고란에 모터기동 방식작성이 요구됨

	- 폭발위험장소에 설치되는 전동기는 비고란에 KScode에 따른 방폭형식을 기재하여야 함 - MS-E40-72 등 용량을 확인하여 수정하여야 함 - 안전인증대상품은 비고란에 인증대상 여부 및 안전인증기관명의 기재가 요구됨 - 안전밸브E30-PSV-005 등 정격용량값을 확인하여 수정하여야 함 - 배출연결부위는 ATM을 Safety Area 등으로 수정하여야 함
	- 인터록 작동조건 및 가동중지 범위는 공정개요 후단에 첨부하여야 함
	- 소방설비/화재탐지기 : 개정고시와 내규를 반영하여 수정하고 양식에 있는 설비의 개수나 범위가 도면과 일치하는지 검토가 필요함
	- 전기단선도에 전동기 등 연동장치와 관련된 기기의 제어회로를 추가하여야 함
	접지저항 측정지점 및 매쉬 접지점을 표기할 것

1.3 위험성평가

위험성평가를 실시한 사항에 대하여 실행 서류를 기반으로 감사를 수행한다. 위험성평가를 수행하여 위험도가 높게 나온 경우, 적절하게 처리하였는지 확인한다. 또한 빈도와 강도를 규정에 맞게 적용하였는지 확인하며 위험성 평가결과 개선하여야 할 사항에 대하여 개선부서의 결정과 시기를 적정하게 하였는지 확인한다. 개선사항의 결과 공정이 변경되는 경우 적절하게 변경관리를 수행하였는지를 확인하며 위험성평가 참여 인력의 적정성과 평가의 계획서에 대한 적정성도 확인한다. 다음은 위험성평가에 대한 "공정안전보고서의 제출 · 심사 · 확인 및 이행상태평가 등에 관한 규정"에서 정하는 사항으로 위험성평가를 진행할 때 감사기준이 되는 내용이다. 그러므로 위험성평가에 대한 감사의 기준으로 활용이 가능하다.

1. 여러 분야의 전문가로 구성된 팀에 의해 시행되었는지의 여부
2. 평가팀에 최소한 설계전문가 · 공정운전 전문가가 각 1명 이상 참여하였는지의 여부
3. 팀 구성원 중 1인은 팀 책임자로 지정되고 팀 책임자는 평가대상 공정에 대한 전문지식과 경험이 있고, 또한 적용하고자 하는 평가기법을 완벽히 숙지하고 있는지의 여부
4. 모든 팀 구성원에게 해당 공정기술, 공정설계, 정상 및 이상 운전절차, 경보시스템, 이상 조작절차, 계측제어, 정비절차, 비상 시 운전절차 등 관련자료를 평가 이전에 상호 교환하고, 필요하면 설명하여 팀 모두가 이해할 수 있도록 함으로써 평가업무가 원활히 시행되었는지의 여부

5. 동종의 사업장에서 발생한 공정사고에 대한 유사설비와 위험성평가 여부
6. 팀의 평가과정에서 잠재 위험성을 도출하고 개선 대책을 토론한 내용을 체계적으로 정리하여 문서화하여 관리하고 있는지의 여부
7. 팀의 제시한 개선대책을 우선순위를 정하여 적절한 기한까지 사업주의 이행 여부와 그 계획의 서류화 여부
8. 이행 계획서에 다음 각 목의 내용이 포함되었는지의 여부
   가. 행위가 취해질 구체적 내용
   나. 각 행위별 완료 일정
   다. 각 행위 내용을 사전에 해당 공정관계자, 운전원, 정비원, 행위 결과로 영향을 받는 자에게 알릴 방법과 일정
9. 위험성평가는 대상 공정의 변경이 있을 때 변경 부분에 대해서 제1호부터 제8호까지의 내용을 동일하게 적용하여 설계단계에서부터 위험성평가를 실시하고 있는지의 여부
10. 공정위험성평가가 최대 4년 이내에서 주기적으로 수행되는지의 여부

다음은 위험성평가에서 발견되는 개선사항이므로 사업장에서 참고할 수 있다.

감사대상	개선사항
위험성평가	위험등급이 빈도 4단계, 강도 4단계를 단순히 곱하여 1~16단계로 되어 있는데 1~5단계로 단순화하고 3단계 이상은 반드시 개선권고사항을 제시하여 위험등급을 나출 수 있도록 위험성평가 지침 수정을 권장함
	작업 위험성평가(JSA기법)를 위한 위험성평가 실시 규정(절차서)을 작성하여야 함
	위험성평가에 참여한 전문가 명단을 별지 제21호서식의 위험성 평가 참여 전문가 명단에 기록하여야 함
	위험성평가결과 조치일정을 작성하여야 함(모든 부서 해당)
	공정 또는 시설변경 시 변경 부분과 이에 관련된 부분에 대한 위험성평가를 실시할 것을 권장함
	4년 주기가 도래하면 반드시 위험성평가를 실시하되, HAZOP 이외에 다양한 기법을 적용할 것을 권장함
	위험성 평가 대상에 따라 평가인력을 다양하게 구성하여 운영할 것을 권장함
	위험성 평가기법에 대한 교육이 필요함

	공정위험성평가는 최대 4년 주기로 시행
	작업위험성평가는 매년 1 회 이상 실시하되, 정기적으로 반복되는 작업의 경우 작업위험성평가를 기반으로 하는 표준안전절차(SOP) 를 마련하여 관리
	물질변경 시 위험성평가를 실시하고 위험성평가의 결과에 대한 교육을 실시하시기 바람

1.4 안전운전지침서

안전운전지침서에 대한 감사의 주안점은 지침서의 구성과 작성이 얼마나 구체적이고 쉽게 설명되어 있는지 확인을 하는 것이다. 또한 각종 절차서의 내용이 관련 도면 및 자료와 일치하게 작성되어야 한다. 최근의 감사에서 관점으로 부상되고 있는 점은 절차서의 구성을 구체적으로 표현해야 되는 문제이다. 그래서 국내 대기업에서는 각 단계별로 즉, 조작하는 스위치 또는 밸브에 대하여 작동요령을 다음과 같이 표현하고 있다. 과거에는 "밸브 V1을 개방한다"라고 단순한 표현을 하였지만, 지금은 "밸브 V1을 개방한다"라는 표현과 함께 그 옆에 밸브 V1의 사진을 첨부하고 밸브의 작동방법에 대하여 간단한 메모를 첨부하여 구체적 표현을 하고 있다. 다음은 안전운전지침서에 대한 "공정안전보고서의 제출 · 심사 · 확인 및 이행상태평가 등에 관한 규정"에서 정하는 사항으로 감사기준이 되는 내용이다. 그러므로 안전운전지침서에 대한 감사의 기준으로 활용이 가능하다. 안전운전지침과 절차는 다음 각 호의 기준에 따라 준수되고 있는지를 심사하여야 한다.

1. 안전운전 지침과 절차(이하 "운전 절차"라 한다)가 공정안전 기술자료, 도면 및 공정 설비 기술자료의 내용과 일치하고 있는지 여부
2. 운전절차는 안전운전을 위하여 명확하고 구체적으로 쉽게 알 수 있도록 서류화하여 관리하고 있는지의 여부
3. 모든 운전절차에 운전자의 운전담당 설비 및 운전분야가 명확하게 기술되고 또한 운전자의 운전 위치가 분명하게 기술되어 있는지의 여부
4. 운전절차에는 각 운전공정 및 설비별 운전조건 범위가 명확히 기술되어 있는지의 여부
5. 다음 각 목의 사항이 포함된 운전단계별 운전 절차의 기술 여부
   가. 최초의 시운전
   나. 정상 운전

다. 비상 시 운전(비상 시 운전정지 절차, 운전정지를 하지 아니하고 운전되어야 할 분야에 대한 운전방법, 제한적인 운전분야 및 절차, 운전장소, 담당자 등이 포함되어야 한다)
라. 정상적인 운전 정지
마. 비상 정지 및 정비 후의 운전 개시
6. 운전범위에서 벗어났을 경우, 조치 절차의 기술 여부
가. 운전범위에서 벗어났을 경우 예상되는 결과
나. 운전범위에서 벗어났을 경우 정상 운전이 되도록 하기 위한 방법 및 절차 또는 운전범위에서 벗어나지 않도록 하기 위한 사전 조치 방법 및 절차
7. 다음과 같은 안전운전을 위해 유의해야 할 사항의 기술
가. 운전공정에 취급되는 화학물질의 물성과 유해 · 위험성
나. 위험물질 누출 예방을 위하여 취해야 할 사항
다. 위험물질 누출 시 각종 개인 보호구 착용 방법
라. 작업자가 위험물에 접촉되거나 흡입하였을 때 취해야 할 행동 요령과 절차
마. 원료 물질의 순도 등 품질유지와 위험물 저장량 조절 등 관리에 관한 사항
8. 안전설비 계통의 기능과 운전방법 및 절차의 기술 여부
9. 운전절차에 관한 서류는 운전원, 검사원 및 정비원이 항상 쉽게 볼 수 있는 장소에 갖추어두었는지의 여부
10. 운전실에 운전자가 공정을 쉽게 이해할 수 있도록 주요 공정장치, 주요 배관별 유량 · 온도 · 압력 등이 포함된 공정 개략도를 보기 쉬운 곳에 갖추어두었는지의 여부
11. 운전절차는 장치, 설비 등의 변경시에 즉시 보완하여 현재의 장치, 설비 등과 일치되게 관리되고 있는지의 여부
12. 사업장 안전보건총괄책임자는 매년 현재의 운전절차가 현재의 설비와 일치되게 작성되었고 안전하게 운전할 수 있는 절차임을 검토하여 확인하고 그 결과를 서면으로 기록하여 보관하고 있는지의 여부

다음은 안전운전지침서에서 발견되는 개선사항이므로 사업장에서 참고할 수 있다.

감사대상	개선사항
안전운전 지침서	사업장은 매년 현재의 운전절차가 현재의 설비와 일치되게 작성되었고 안전하게 운전할 수 있는 절차임을 검토하여 확인하고 그 결과를 서면으로 기록하여 보관하여야 함
	PSM 규정에 운전절차서의 작성요령을 추가하여 각 부서의 운전절차서 작성 시 취급물질의 물성과 유해·위험성, 누출 예방조치, 보호구착용법, 노출시 조치요령 및 절차, 안전설비계통의 기능·운전방법·절차등의 내용이 포함되도록 하여야 함
	PSM 규정에 운전절차서의 종류에 다음사항을 추가하여 작성 필요 - 최초의 시운전, 정상운전, 비상 시 운전, 정상적인 운전정지, 비상정지, 정비 후 운전개시, 운전범위를 벗어난 경우 등을 구체적으로 포함하도록 함
	절차서에 운전범위에서 벗어났을 경우, 다음사항의 조치 절차를 작성하여야 함 - 운전범위에서 벗어났을 경우 예상되는 결과 - 운전범위에서 벗어났을 경우 정상운전이 되도록 하기 위한 방법 및 절차 또는 운전범위에서 벗어나지 않도록 하기 위한 사전 조치 방법 및 절차
	절차서의 작성에서 밸브 또는 스위치의 사진을 첨부하고 간단한 설명을 요함
	공정지역 내에서 또는 공정지역과 가까운 지역에서 용접, 용단 등의 화기작업과 같은 유해·위험 요소가 잠재되어 있는 경우에도 안전작업허가서를 발급
	안전작업 시작 전 작업 내용을 해당 지역 및 인전지역의 운전원, 정비원 및 도급업체 등 안전작업으로 인해 영향을 받을 수 있는 작업자에게 통보
	인화성 가스, 산소 농도를 정기적으로 측정하는 구체적인 시간 작성
	화기작업허가서에는 인화성가스 농도측정 항목을 추가할 것
	안전운전지침서에 실제 운전할 때 활용하는 매뉴얼의 내용을 포함하여 실제 운전 시 활용할 수 있도록 구체적으로 작성하고, 안전설비계통의 기능,운전방법, 절차 등의 내용이 구체적으로 포함되도록 수정 바람
	"안전운전절차의 검토 및 승인" 등 주기적인 검토 시에는 주기를 구체적으로 제시할 것
	고용노동부고시 제2017-34호 내용이 누락되지 않도록 작성하시기 바람 제2017-34호 [최초의 시운전, 정상운전, 비상시 운전, 정상적인 운전 정지, 비상정지, 정비 후 운전개시, 운전범위를 벗어났을 경우 조치 절차, 화학물질의 물성과 유해 위험성, 위험물질 누출 예방조치, 개인보호구 착용방법, 위험물질에 폭로시의 조치요령과 절차, 안전설비 계통의 기능 운전방법 및 절차 등]

1.5 설비점검 · 검사 및 보수계획, 유지계획 및 지침서

감사점검표를 기반으로 감사를 실시하며 대부분의 사업장은 공무부서에서 관리를 하지만 규모에 따라서 외부 협력사를 활용하여 업무를 할 경우 관리에 부족함이 있는 경우도 종종 있다. 공무부서가 없고 생산부서에서 검사 및 수리를 하는 경우도 있어 절차서의 준수에도 문제가 되기도 한다. 그러나 PSM 규정을 준수하는 절차를 진행할 때 자연스럽고 안정적으로 시스템을 운영 할 수 있다. 다음은 설비점검 · 검사 및 보수계획, 유지계획 및 지침서에 대한 "공정안전보고서의 제출 · 심사 · 확인 및 이행상태평가 등에 관한 규정"에서 정하는 사항으로 감사기준이 되는 내용이다. 위험설비의 물질과 안전성이 확실히 확보되었는지를 다음 각 호의 기준에 따라 심사하여야 한다.

1. 위험설비에 다음 사항을 포함하고 있는지의 여부
   가. 압력용기와 저장탱크계통 설비
   나. 배관계통 설비(밸브와 같은 부속설비 포함)
   다. 압력방출계통 설비
   라. 비상정지계통 설비
   마. 계측제어계통 설비(감지기, 경보기 및 연동장치 포함)
   바. 펌프 · 압축기 등 회전기기류
   사. 위험물질 처리설비
2. 사업장에서는 위험설비의 안전성을 유지하기 위하여 위험설비 안전관리 규정을 제정하여 시행하고 있는지 여부
3. 사업장에서는 위험설비에서 운전, 작업하는 작업자들에게 제조공정과 잠재 위험성 및 위험설비 안전관리규정에 대해 구체적으로 교육을 실시하고 있으며, 작업자들이 이를 숙지하여 안전한 방법으로 운전 · 작업할 수 있는지의 확인 여부
4. 제1호의 위험설비는 위험성평가 결과로 얻어지는 기기의 위험정도에 따라 기기별로 우선순위를 정하고 검사, 시험 등 점검의 주기를 달리하고 있는지의 여부
5. 사업장에서 위험설비에 대하여 자체점검 절차를 규정화하고 이를 실시하고 있는지의 여부
6. 자체점검 절차는 구체적이어야 하며 일반적으로 통용되는 기준에 따르고 있는지의 여부
7. 자체점검 실시 주기는 최소한 위험설비 제작회사가 권장하는 주기로 하고 있으며, 사업장이 설비의 안전성을 유지하는데 필요한 경우 주기를 증가할 수 있는지의 여부

8. 자체점검 실시 결과는 위험설비별로 서류로 작성하여 관리되고 있으며 다음 각 목의 내용이 포함되었는지의 여부
   가. 검사 또는 시험 실시일자
   나. 검사자의 소속과 성명
   다. 위험설비의 일련번호 및 설비명
   라. 검사항목별 검사내용
   마. 검사결과 및 판정
   바. 검사결과에 따른 조치사항
9. 사업주는 위험설비의 결함이 발견된 때에 사용을 중지하고 결함사항을 제거하고 있는지의 여부
10. 위험설비마다 사용가능함을 확인하고 있으며 사용가능 기준을 정하여 관리하고 있는지의 여부
11. 신설되는 위험설비에 대하여 위험설비가 설계 및 제작기준에 맞게 제작되고 있는지의 여부
12. 위험설비가 설치 · 조립되고 있는 과정에서 설치기준 및 명세와 일치하고 제작자의 설치기준에 따라 안전하게 설치되고 있음을 점검 또는 검사를 통하여 확인하고 있는지의 여부
13. 위험설비를 정비하는데 필요한 정비 · 자재 · 예비부품을 확보하여 위험설비의 결함이 발견될 때에는 즉시 정비할 수 있도록 하고 있는지의 여부

감사대상	개선사항
설비점검 · 검사 및 보수계획, 유지계획 및 지침서	설비의 잔여수명에 대한 기준을 제정하여야 함
	각 기기별로 유지 · 보수에 필요한 예비품 목록을 적절하게 관리가 필요함
	구매 사양서에 기기의 품질을 확보하기 위한 재료의 최소두께, 비파괴검사, 열처리 및 수압시험을 하도록 세부적으로 작성하여야 함
	설비의 정비이력을 기록 · 관리하고 이를 분석하여 예방정비에 활용정도가 적음
	위험정도 및 중요도에 따라 설비별 등급 기준을 설정하고 이에 따라 검사 및 정비 주기를 설정할 것을 권장함
	정기 보수작업시 등 특별안전보건교육에 대한 시행주체는 해당부서이므로 해당부서에서 주관할 것을 권장함

	설비별로 검사 및 정비 이력관리가 요구됨
	사내 인트라넷에 등록하여 관리하고 있으나 설비별로 정비이력 관리가 미흡함
	등급 및 설비별로 점검사항을 구체화하여 실질적인 설비점검이 실시되도록 하시기 바람
	압력방출설비에 대한 점검을 실시하고 점검일지 관리하기 바람
	기기의 정비, 기기 및 기자재의 품질관리, 외주업체 관리, 설비의 유지관리 등이 포함되도록 지침을 수정하시기 바람
	연간 점검계획서를 작성하시기 바람
	설비 잔여수명을 관리할 수 있는 지침을 마련하기 바람
	점검계획서를 작성하시기 바람

1.6 안전작업허가

안전작업허가에 대한 자체감사는 감사점검표를 기준으로 감사를 진행한다. 많은 사고원인 중 하나가 보수와 같은 작업 중에 발생하므로 사고방지를 위하여 철저한 사전 준비가 필요하다. 서명이 누락되는 경우와 허가서의 각 체크하는 항목에 대하여 누락되는 경우도 발생한다. 작업시간에 대한 정확한 표시와 정기적으로 측정하는 사항에 대하여 누락됨이 없이 허가서를 발행하고 종결을 하여야 한다. 다음은 안전작업허가에 대한 "공정안전보고서의 제출 · 심사 · 확인 및 이행상태평가 등에 관한 규정"에서 정하는 사항으로 감사기준이 되는 내용이다. 그러므로 안전작업허가에 대한 감사의 기준으로 활용이 가능하다. 안전작업허가서는 다음 각 호의 기준에 따라서 수행되고 있는지를 심사하여야 한다.

1. 공정지역 내에서 또는 공정지역과 가까운 지역에서 용접, 용단 등의 화기작업과 같은 유해 · 위험 요소가 잠재되어 있는 경우에는 안전작업허가서를 발급받은 후에 작업하고 있는지의 여부
2. 안전작업 허가기준, 각 부서의 업무와 책임한계, 허가절차 등을 문서화하여 사업장의 자체 규정으로 제정하고 있는지의 여부
3. 안전작업을 하기 전에 안전작업 관리책임자는 안전작업에 필요한 안전상의 조치를 취하고 있으며, 안전작업 허가책임자는 이를 확인한 후에 안전작업허가서를 발급하고 있는지의 여부

4. 안전작업 전에 취하여야 할 안전상의 조치는 사업장 특성에 맞게 작성하여 규정화하고 있는지의 여부
5. 안전작업허가서에 허가일시와 안전작업일시가 명확히 기재되고 있는지의 여부
6. 안전작업허가서는 해당 작업 완료 후 1년간 보관하도록 하고 있는지의 여부
7. 안전작업 시작전에 작업 내용을 해당 지역 및 인접지역의 운전원, 정비원 및 도급업체 등 안전작업으로 인해 영향을 받을 수 있는 작업자에게 알려주고 있는지의 여부

감사대상	개선사항
안전작업허가	안전작업허가서 발행 시 배관계장도의 첨부 및 검토여부를 확인하는 절차를 작성요함
	화기작업허가서 발행에서 일반사항의 확인 시 소화기비치 항목의 확인이 누락되어 있어 해당하는 모든 항목을 확인하고 허가서를 발행하여야 함
	PSM보고서 상 안전작업허가서와 현 사용되는 안전작업허가서의 일치가 요구되고, 전산화를 하여서 더욱 철저하게 할 것을 권고함
	화기작업 시 인화성가스농도를 측정한 후 소화기를 비치하고, 그 외 필수적인 모든 조치를 시행 후 기록을 남길 것
	안전작업허가서의 작성 및 승인 시 필요한 제반 사항을 모두 확인하고 실행할 작업의 유해요소를 간단히 적어 작업 중 주의하도록 할 것
	화기작업 시 작업 대상 내 인화성 가스농도측정, 배관계장도 검토를 통한 맹판설치, 밸브차단 등의 필수조치는 빠짐없이 하여야 함
	굴착작업허가서와 절차서를 구비하고 실행을 요구함
	안전과에서 발행한 양식과 PSM보고서의 양식불일치
	안전작업허가서의 서명 누락 및 표준작업서 미확인 후 허가함
	안전허가서에 서명을 하고 있으나 결재일/ 시간 누락이 있고, 시작 시간과 마감시간이 없음
	밀폐공간작업허가서 발행 시 산소농도 측정뿐만 아니라 암모니아 등 해당가스농도 측정을 실시할 것

1.7 도급업체 안전관리계획

도급업체의 안전관리현황을 감사점검표를 기본으로 감사를 진행한다. 사업주가 도급업체

를 선정하여 작업을 수행하는 경우 PSM 규정에 의한 절차서의 준수여부가 핵심 감사사항이 된다. 도급업체의 대표자는 PSM 규정에서 요구하는 사항을 반드시 준수하여야 한다. 특히 교육이나 각종 기록부는 정상적으로 작성 및 관리하여야 한다. 다음은 도급업체 안전관리계획에 대한 "공정안전보고서의 제출·심사·확인 및 이행상태평가 등에 관한 규정"에서 정하는 사항으로 감사기준이 되는 내용이다. 그러므로 도급업체 안전관리계획에 대한 감사의 기준으로 활용이 가능하다. 사업주가 공정설비의 보수, 설비의 개선 및 가동 정지 후 일체 정비와 같이 공정과 설비의 안전에 관련된 업무를 도급업체로 하여금 수행하도록 할 경우 다음 각 호의 기준에 따라 안전관리가 수행되고 있는지를 심사하여야 한다.

1. 사업장의 안전보건총괄책임자가 다음 각 목의 안전관리 내용을 도급업체에 대해 시행하고 있는지의 여부
   가. 도급업체 선정 시 도급업체의 안전업무 수행실적 및 능력에 관한 자료와 안전작업계획의 평가
   나. 도급업체의 작업시행 이전에 작업자들에게 화재, 폭발, 독성물질 누출 위험과 예방에 관한 교육 실시
   다. 도급업체의 작업자들에게 사고발생 시의 비상조치계획 및 도급자가 취해야 할 조치 요령에 관한 교육 실시
   라. 도급업체가 수행할 작업에 대하여도 안전운전지침 및 절차를 규정화하고 도급업체 작업자가 이를 준수토록 감독
   마. 도급업체 작업자의 사고나 재해발생에 대한 기록 유지와 이행여부에 대한 정기적인 확인
   바. 법 제29조에 따른 조치사항의 이행 여부
   사. 도급업체의 안전관리수준에 대한 정기적인 평가
2. 도급업체의 사업주가 다음 각 목의 안전관리 내용을 준수하고 있는지의 여부
   가. 작업자들이 안전하게 작업을 수행할 수 있도록 교육 및 훈련이 충분히 실시되었는지를 확인할 것
   나. 작업자들이 화재, 폭발, 독성물질 누출 위험과 예방에 관한 사항, 그리고 비상조치 내용을 충분히 숙지하고 있는지를 확인하고 기록하여 보존할 것
   다. 작업자가 이수한 교육 및 훈련일시와 내용 그리고 숙지상태를 기록하여 관리할 것
   라. 작업자가 안전운전지침 및 절차를 준수하고 있는지를 확인할 것
   마. 작업자가 작업 중에 인지된 위험요인이 있을 경우 이를 지체없이 사업장의 안전

보건총괄책임자에게 통보할 것

◈ 참고사항 ◈

제29조(도급사업 시의 안전 · 보건조치) ① 같은 장소에서 행하여지는 사업으로서 다음 각 호의 어느 하나에 해당하는 사업 중 대통령령으로 정하는 사업의 사업주는 그가 사용하는 근로자와 그의 수급인이 사용하는 근로자가 같은 장소에서 작업을 할 때에 생기는 산업재해를 예방하기 위한 조치를 하여야 한다. 〈개정 2010.6.4., 2011.7.25.〉

1. 사업의 일부를 분리하여 도급을 주어 하는 사업
2. 사업이 전문분야의 공사로 이루어져 시행되는 경우 각 전문분야에 대한 공사의 전부를 도급을 주어 하는 사업

② 제1항 각 호 외의 부분에 따른 산업재해를 예방하기 위한 조치는 다음 각 호의 조치로 한다. 〈신설 2011.7.25.〉

1. 안전 · 보건에 관한 협의체의 구성 및 운영
2. 작업장의 순회점검 등 안전 · 보건관리
3. 수급인이 근로자에게 하는 안전 · 보건교육에 대한 지도와 지원
4. 제42조제1항에 따른 작업환경측정
5. 다음 각 목의 어느 하나의 경우에 대비한 경보의 운영과 수급인 및 수급인의 근로자에 대한 경보운영 사항의 통보
   가. 작업 장소에서 발파작업을 하는 경우
   나. 작업 장소에서 화재가 발생하거나 토석 붕괴 사고가 발생하는 경우

③ 제1항에 따른 사업주는 그의 수급인이 사용하는 근로자가 토사 등의 붕괴, 화재, 폭발, 추락 또는 낙하 위험이 있는 장소 등 고용노동부령으로 정하는 산업재해 발생위험이 있는 장소에서 작업을 할 때에는 안전 · 보건시설의 설치 등 고용노동부령으로 정하는 산업재해 예방을 위한 조치를 하여야 한다. 〈개정 2010.6.4., 2011.7.25., 2013.6.12.〉

④ 제1항에 따른 사업주는 고용노동부령으로 정하는 바에 따라 그가 사용하는 근로자, 그의 수급인 및 그의 수급인이 사용하는 근로자와 함께 정기적으로 또는 수시로 작업장에 대한 안전 · 보건점검을 하여야 한다. 〈개정 2010.6.4., 2011.7.25.〉

⑤ 다음 각 호의 어느 하나에 해당하는 작업을 도급하는 자는 그 작업을 수행하는 수급인 근로자의 산업재해를 예방하기 위하여 고용노동부령으로 정하는 바에 따라 해당 작업 시작 전에 수급인에게 안전 · 보건에 관한 정보를 제공하는 등 필요한 조치를 하여야 한

다. 이 경우 도급하는 자가 해당 정보를 미리 제공하지 아니한 경우에는 그 수급인이 정보 제공을 직접 요청할 수 있다. 〈개정 2017.4.18.〉

1. 화학물질 또는 화학물질을 함유한 제제(製劑)를 제조 · 사용 · 운반 또는 저장하는 설비로서 대통령령으로 정하는 설비를 개조 · 분해 · 해체 또는 철거하는 작업
2. 제1호에 따른 설비의 내부에서 이루어지는 작업
3. 질식 또는 붕괴의 위험이 있는 작업으로서 대통령령으로 정하는 작업

⑥ 제1항에 따른 사업주 또는 제5항에 따라 도급하는 자는 수급인 또는 수급인의 근로자가 해당 작업과 관련하여 이 법 또는 이 법에 따른 명령을 위반한 경우에 그 위반행위를 시정하도록 필요한 조치를 하여야 한다. 〈개정 2011.7.25., 2013.6.12.〉

⑦ 수급인과 수급인의 근로자는 정당한 사유가 없으면 제1항부터 제6항까지의 규정에 따른 조치에 따라야 한다. 〈개정 2011.7.25., 2013.6.12.〉

⑧ 사업을 타인에게 도급하는 자는 안전하고 위생적인 작업 수행을 위하여 다음 각 호의 사항을 준수하여야 한다. 〈개정 2011.7.25., 2013.6.12.〉

1. 설계도서 등에 따라 산정된 공사기간을 단축하지 아니할 것
2. 공사비를 줄이기 위하여 위험성이 있는 공법을 사용하거나 정당한 사유 없이 공법을 변경하지 아니할 것

⑨ 사업을 타인에게 도급하는 자는 근로자의 건강을 보호하기 위하여 수급인이 고용노동부령으로 정하는 위생시설에 관한 기준을 준수할 수 있도록 수급인에게 위생시설을 설치할 수 있는 장소를 제공하거나 자신의 위생시설을 수급인의 근로자가 이용할 수 있도록 하는 등 적절한 협조를 하여야 한다. 〈신설 2011.7.25., 2013.6.12.〉

⑩ 제2항제1호부터 제3호까지의 규정에 따른 협의체의 구성 · 운영, 작업장의 안전 · 보건관리, 안전 · 보건교육에 대한 지도 및 지원에 필요한 사항은 고용노동부령으로 정한다. 〈개정 2010.6.4., 2011.7.25., 2013.6.12.〉

[전문개정 2009.2.6.]

다음은 도급업체와 관련한 자체감사에서 지적사항으로 발굴되는 사항이다. 주로 문제가 되는 부분은 도급업체에 대한 안전관리 수준의 파악이 규정대로 되지 않는 점이다. 도급업체에 대한 평가점수를 세분하여 규정하고 정기적으로 도급업체를 평가하여야 한다. 또한 도급업체 내부의 자체적인 교육실시 여부의 확인과정이 불분명한 부분도 발견된다.

감사대상	개선사항
도급업체 안전관리계획	협력업체 근로자들에게 필요한 직무교육을 실시하고 있으나, 안전교육일지 양식에 기록하고 있지 않음
	교육에 관한 사항을 안전교육일지 양식에 기록하고 유지 관리 할 것을 권고함
	도급업체 사업주가 도급업체 근로자에게 직무교육실시 여부를 확인할 수 없음
	도급업체사업주는 도급업체 근로자들의 질병 · 부상 등 재해발생기록을 관리 할 수 있는 기록부를 작성하기 바람
	"도급업체 작업자의 사고나 재해발생에 대한 기록 유지와 이행여부 및 안전관리수준에 대해 정기적으로 확인 한다"는 문구 작성
	사업주(도급업체 사업주) 의 부재시 권한(순회점검, 합동점검, 협의체 참석) 위임 절차를 규정하기 바람

1.8 공정운전에 대한 교육 · 훈련

공정운전에 대한 교육·훈련과 관련한 감사에서 중점적으로 확인할 사항으로는 교육 종료 후 객관적인 평가의 실시 여부이다. 사업장별로 평가에 대하여 어려워하고 있는 현실이다. 운전원에 대한 운전능력의 관리여부도 중요한 사항이다. 교육내용에 PSM과 관련한 내용을 반영하고 있는지도 관심사항이다. 공정안전보고서에서 규정한 절차나 훈련에 대하여 교육계획에 의한 교육을 누락 없이 실시하여야 한다. 다음은 공정운전에 대한 교육·훈련에 대한 "공정안전보고서의 제출·심사·확인 및 이행상태평가 등에 관한 규정"에서 정하는 사항으로 감사기준이 되는 내용이다. 그러므로 공정운전에 대한 교육·훈련에 대한 감사의 기준으로 활용이 가능하다. 공정운전자 및 정비작업자가 해당 공정에 대하여 다음 각 호의 기준에 따라 교육을 이수하였는지를 심사하여야 한다.

1. 공정상세도면의 이해를 위한 제조공정, 안전운전 지침 및 절차 등에 관한 교육내용의 포함 여부

2. 사업장 안전보건총괄책임자는 공정운전원이 충분한 교육과 훈련을 통하여 공정운전에 관한 지식과 기술 그리고 충분히 안전하게 운전할 능력을 갖추었음을 확인하고 해당 공정운전 자격을 부여하고 있는지의 여부
3. 사업장에서 최소한 3년마다 1회 이상 교육을 실시하고 있으며, 교육 시 마다 해당 공정운전 능력이 충분함을 확인하고 있는지의 여부
4. 사업장 안전보건총괄책임자는 공정운전원, 정비원 및 하도급업자에 대한 교육·훈련 실시 내용과 공정운전 자격부여 현황을 기록 보존하고 있는지의 여부

감사대상	개선사항
공정운전에 대한 교육·훈련	공정안전과 관련된 근로자의 교육을 실시하고 결과를 문서화하여 유지, 관리하기 바람
	연간 교육계획을 수립하여 수행하기 바람
	교육 후 Test를 통하여 성과 미달자 등에 대한 재교육을 실시할 것을 권장함
	공정안전과 관련된 직무교육을 매년 1회 이상 반복교육을 실시하고 교육 결과(성적관리 포함)를 문서화하여 관리할 것을 권장함
	지침서에 따라 교육을 실시하고 있으나 관련규정에 미달자의 기준이 없으므로 성적기준을 규정에 포함하여 관리가 필요함
	교육강사를 선정하여 교육을 실시하고 있으나 관련규정에 강사의 자격기준이 구체적이지 못하므로 규정에 강사의 자격기준을 정확히 제정하여 선정할 것이 필요함
	안전관리자는 공정안전보고서 작성자 과정을 이수하였으나 정제 4과등 모든 PSM 키맨의 경우에도 PSM과정 교육계획을 수립하여 PSM전문가 과정의 외부교육을 실시할 것을 권고함
	교육누락자는 물론 교육성과 미달자에 대한 재교육계획을 수립하여 시행할 것을 권장함
	교육을 실시하고 있으나 잠재위험에 대한 사고예방 피해최소화 대책, 안전운전절차 및 비상조치계획등 교육실시 기록이 없음
	교육누락자의 발생이 없이 교육은 실시하고 있으나, 교육 후 평가과정이 없기 때문에 교육성과 미달자에 대한 재교육 기록이 없음
	공정운전과 관련된 직무교육을 매년 1회 이상 반복교육을 실시하고 교육 결과를 문서화하여 관리할 것을 권장함
	"사업장 안전보건총괄책임자의 책임에 공정운전원이 충분한 교육과 훈련을 통하여 공정운전에 관한 지식과 기술 그리고 충분히 안전하게 운전할 능력을 갖추었음을 확인하고 해당 공정운전 자격을 부여한다"는 문구 작성

1.9 가동 전 안전점검

가동 전 안전점검 시에 대한 자체감사에서 지적사항이 있는 경우 개선항목을 작성하여 절차에 따라 개선을 정상적으로 수행하였는지 확인하여야 한다. 또한 변경관리를 수행한 경우 가동 전 점검을 실시하였는지 확인하여야 한다. 어느 사업장의 경우에는 가동 전 점검사항이 전혀 없는 것으로 처리하여 관리하고 있는 경우도 있는데, 실제 어느 설비가 설치되는 경우 가동 전 점검에서 하나의 오류나 개선 사항이 없이 완벽한 설비가 설치되는 경우는 극소수일 것이다. 그러나 어느 사업장은 개선 사항이 없이 완벽하므로 개선 리스트가 없이 감사를 진행하는 경우도 있다. 이러한 이유는 가동 전 점검에서 지적사항이 발생하면 개선하고 또 개선하여 완벽하게 유지한 상태에서 가동 전 점검을 실시하기 때문이다. 개선리스트가 중요한 이유는 이력관리의 면에서도 중요하기 때문이다. 어느 설비에 어느 부분을 수정하고 변경하였는지를 관리하여야 추후에 설비의 문제 발생 시 대처가 용이할 것이다. 신설되는 설비에 대하여 위험성평가의 시행과 평가 시 제시된 개선사항이 이행되었는지를 확인하여야 한다. 다음은 가동 전 안전점검에 대한 "공정안전보고서의 제출 · 심사 · 확인 및 이행상태평가 등에 관한 규정"에서 정하는 사항으로 감사기준이 되는 내용이다. 그러므로 가동 전 안전점검에 대한 감사의 기준으로 활용이 가능하다.

사업장에서 새로운 설비를 설치하거나 공정 또는 설비의 변경 시 시운전 전에 안전점검을 실시하고 있는지를 심사하여야 한다. 시운전 전의 안전점검은 최소한 다음 각 호의 사항이 확인되어야 하며, 점검결과를 기록 · 보존하여야 한다.

1. 추가 또는 변경된 설비가 설계기준에 맞게 설계되었는지의 확인 여부
2. 추가 또는 변경된 설비가 제작기준대로 제작되었는지와 규정된 검사에 의한 합격판정의 확인 여부
3. 설비의 설치공사가 설치 기준 또는 사양에 따라 설치되었는지의 확인 여부
4. 안전운전절차 및 지침, 정비기준 및 비상 시 운전절차가 준비되어 있는지와 그 내용이 적절한지의 확인 여부
5. 신설되는 설비에 대하여 위험성평가의 시행과 평가 시 제시된 개선사항이 이행되었는지의 확인 여부
6. 변경된 설비의 경우 규정된 변경관리 절차에 따라 변경되었는지의 확인 여부
7. 신설 또는 변경된 공정이나 설비의 운전절차에 대한 운전원의 교육 · 훈련과 이를 숙지하고 있는지의 확인 여부

감사대상	개선사항
가동 전 안전점검	변경 된 설비에 대하여 운전 지침을 완전히 숙지하고 운전을 하여야 함
	점검표의 작성내용 및 양식이 PSM보고서의 양식과 내용에서 차이점이 있음
	가동전 점검 시 개선 항목에 대해서 즉시 실행 하여 개선 요구항목이 없는 것으로 되어 있는 데, 가동전 점검 시 지적된 사항을 별도로 개선항목(Punch List)으로 작성하여 관리할 것을 권장함
	공장운전을 위한 일반사항 체크리스트에 신설되는 설비에 대하여 위험성 평가의 시행과 평가 시 제시된 개선사항이 이행 여부 및 규정된 변경 관리 절차에 따라 변경 여부 추가

1.10 변경요소관리

이미 공정안전보고서를 실행하고 있는 사업장에서 공정의 변경이나 설치 등 여러 사유로 인하여 변경을 하고자 할 때 변경관리의 절차에 따라 수행하였는지를 확인하는 사항이다. 많은 사업장에서 변경관리에 대하여 어려워하고 있으나 관련 절차에서 규정한 순서에 따라 변경을 진행하면 결코 어려운 내용이 아니다. 또한 변경을 실시하고도 변경사항이 없다고 하는 경우도 있는데 이는 PSM에서 요구하는 사항이 아니다. 기술자료를 활용하고 관리함으로써 위험에 적절한 대처가 가능한 점을 명심하여야 한다. 사고예방을 위해서 변경사항에 대한 철저한 관리가 필요하다. 나중에 P&ID도면과 현장의 설비와 비교하는 단계에서 변경을 실시한 이력이 있음이 발견되기도 한다. 혹은 우선 설비를 변경하고 나중에 변경절차를 실행한 것은 아닌지 주의가 필요하다. 중요한 점은 반드시 변경절차에 따라서 변경 및 위험성평가 등을 실행하고 관련내용을 관계자에게 교육을 실시하여야 한다는 것이다.

다음은 변경요소관리에 대한 "공정안전보고서의 제출 · 심사 · 확인 및 이행상태평가 등에 관한 규정"에서 정하는 사항으로 감사기준이 되는 내용이다. 그러므로 변경요소관리에 대한 감사의 기준으로 활용이 가능하다. 사업장이 제조공정에서 취급되는 화학물질의 변경이나 제조공정의 변경, 장치 및 설비의 주요구조 변경 또는 각종 운전 · 작업 절차의 변경이 있을 경우에 다음 각 호의 기준에 따라 변경관리가 수행되고 있는지를 심사하여야 한다.

1. 변경관리의 대상에 최소한 다음 각 목의 사항이 포함되어 있는지의 여부

   가. 신설되는 설비와 기존 설비를 연결할 경우의 기존설비

나. 기존 설비의 변경은 없어도 운전조건(온도, 압력, 유량 등)을 변경할 경우
다. 제품생산량 변경은 없으나 새로운 장치를 추가, 교체 또는 변경할 경우
라. 경보 계통 또는 계측제어 계통을 변경할 경우
마. 압력방출 계통의 변경을 초래할 수 있는 공정 또는 장치를 변경할 경우
바. 장치와 연결된 비상용 배관을 추가 또는 변경할 경우
사. 시운전 절차, 정상조업 정지절차, 비상조업 정지 절차 등을 변경할 경우
아. 위험성평가 · 분석결과 공정이나 장치 · 설비 또는 작업절차를 변경할 경우
자. 첨가제(촉매, 부식방지제, 안정제, 포말생성방지제 등)를 추가 또는 변경할 경우
차. 장치의 변경 시 필연적으로 수반되는 부속설비의 변경이나 가설설비의 설치가 필요할 경우

2. 변경관리 방법에 있어서 먼저 변경 시의 절차를 규정화하여 실행하는 체계를 구축하고 있는지의 여부
3. 변경 절차에 변경 전 다음 사항을 검토하도록 하는 내용이 포함되었는지 여부
   가. 변경계획에 대한 공정 및 설계의 기술적 근거의 타당성 여부
   나. 변경 부분의 전 · 후 공정 및 설비에 대한 영향
   다. 변경 시 안전 · 보건 · 환경에 대한 영향
   라. 변경 시 뒤따르는 운전절차상의 수정 내용의 타당성 여부
   마. 변경 일정의 적합성 여부
   바. 변경 시 관련기관에 필요한 보고 업무 등
4. 사업장에서 변경 이전에 변경할 내용을 운전원, 정비원 및 도급업체 등에게 정확히 알려주고, 변경 설비의 시운전 이전에 이들에게 충분한 훈련을 실시하고 있는지 여부
5. 변경 시 공정안전 기술자료의 변경이 수반될 경우에는 이들 자료의 보완이 즉시 이행되고 있는지의 여부
6. 운전절차, 안전작업허가절차 및 도급작업절차 등 안전운전 관련자료의 변경이 수반될 때도 즉시 변경되는지의 여부

감사대상	개선사항
변경요소관리	변경(공정, 온도, 압력등)사항에 대하여 모든 관계자에게 그 내용을 교육하여야 함
	변경관리 시 임시/ 비상 변경을 포함하여 모든 변경요소에 대하여 목록화하여 관리하여야 함

	변경요구서에 기술적 근거를 제시하고 있으나 위험성평가 여부에 대한 사항이 미흡함
	변경 내용을 운전원, 정비원, 도급업체 근로자 등에게 정확하게 알려 주고 시운전전에 충분한 교육을 실시하여야 함
	변경사항에 대하여 서류는 철해서 관리하고 있으나 목록화의 실시가 요구됨
	변경관리 후에는 교육을 실시하시기 바람
	변경의뢰서에 변경등급 및 위험성평가 실시여부를 구분할 수 있도록 양식을 작성하시기 바람
	변경관리 시 기술검토 부분을 지침에 추가하여 관리하기 바람

1.11 자체감사

PSM의 자체감사의 적절성을 확인하는 과정으로 자체감사가 자체감사의 규정대로 실행했는지를 확인하며 감사팀의 구성 및 자격에 대해서 확인한다. 감사계획서를 수립하고 적절한 방법으로 각 부서에 통보했는지 확인하며 감사의 결과 개선사항에 대하여 개선을 적절하게 수행했는지 확인한다. 또한 감사의 결과에 대해서 경영층에 보고하고 모든 근로자에게 교육을 실시했는지 확인한다.

다음은 자체감사에 대한 "공정안전보고서의 제출 · 심사 · 확인 및 이행상태평가 등에 관한 규정"에서 정하는 사항으로 감사기준이 되는 내용이다. 그러므로 자체감사에 대한 감사의 기준으로 활용이 가능하다. 사업장에서는 공정안전관리가 규정대로 이행되고 있는지를 평가 · 확인하기 위하여 1년마다 자체감사가 실시되고 있는지를 다음 각 호의 기준에 따라 심사하여야 한다.

1. 자체감사 시에는 사용 중인 안전작업지침 및 절차 등 각종 기준과 절차가 현재의 공정 및 설비에 적합한지의 여부
2. 자체감사팀에는 감사 대상 공정에 전문적인 지식을 갖춘 사람 1명 이상이 참여하고 있는지의 여부
3. 자체감사에서 제시된 평가 · 분석 결과에 따라 지속적인 조사 · 연구가 필요하거나 정밀검토가 필요한 사항에 대해서는 지속적인 조사 · 연구가 이루어지고 있는지의 여부
4. 자체감사에서 도출된 문제점에 대해서는 필요한 조치가 이행되어야 하며 그 내용을

문서로 기록 관리하고 있는지의 여부
5. 자체감사보고서를 3년 이상 보관하고 있는지의 여부

감사대상	개선사항
자체감사	자체 감사팀에는 각 분야의 전문가(관련 교육 이수)가 참여하여 자체감사할 것을 권장함
	PSM 감사 시 지적사항(PUNCH LIST)에 대해서 별도로 개선계획서를 수립하여 실행하고 문서화하여 관리할 것을 권장함
	전문가양성(전문적관리요원+현장PSM담당자 필요)이 각 브서별로 양성이 필요함
	자체감사 결과 도출된 문제점을 문서화하고 개선계획을 수립하여 시행하고 있으나 장기적인 개선이 필요한 사항에 대해서는 책임자를 지정하여 추적관리가 될 수 있도록 하여야 함
	자체감사의 계획서를 작성하여 각 감사부서에 통보절차를 준수하여 통보하여야 함
	자체감사의 결과에 대하여 모든 근로자에게 전달하여야 함

1.12 공정사고조사

PSM에서 규정하고 있는 사고조사의 절차에 따라 사고조사를 실시하였는지 확인한다. 다행하게도 사고가 발생하지 않아 사고조사를 실시할 이력이 없어 좋은 듯 하지만 PSM에서는 아차사고를 사고의 범위로 보기 때문에 아차사고에 대하여 사고조사를 실시하여야 한다. 또한 어느 회사에서는 아차사고에 대한 조사를 공정사고와 관련이 적은 계단에서 넘어짐에 대한 아차사고를 발굴한 경우도 있다. 물론 넘어짐에 의한 공정의 영향이 있겠지만 PSM에서는 공정과 관련한 아차사고를 발굴하여 관리하여야 한다. 즉 압력, 온도, 유량의 변화, 개스켓에서의 미량의 위험물누출, 밸브이음부분에서 개스의 소량 누출, 작업자의 밸브 오조작으로 인한 적은 실수 등 사고로 이어지지 않아 즉시 대처하여 처리한 공정과 관련한 아차사고에 대하여 아차사고를 발굴하여 관리하여야 한다. 감사에서는 사고조사요원의 적절성, 사고원인 조사에 의한 적절한 대책을 수립하였는지를 감사한다. 다음은 공정사고조사에 대한 "공정안전보고서의 제출 · 심사 · 확인 및 이행상태평가 등에 관한 규정"에서 정하는 사항으로 감사기준이 되는 내용이다. 그러므로 공정사고조사에 대한 감사의 기준으

로 활용이 가능하다. 중대산업사고가 발생하거나 중대산업사고를 일으킬 요인을 제공할 수 있는 공정사고가 발생한 경우 사업주가 사고조사를 실시하고 있는지를 다음 각 호의 기준에 따라 심사하여야 한다.

1. 공정사고조사는 사고발생 즉시 실시하여야 하며 늦어도 사고 발생 후 24시간 이내 조사가 시작되었는지의 여부
2. 공정사고조사팀에는 사고공정 및 시설에 대한 지식과 경험이 풍부한 사람 1명 이상과 사고조사 및 분석방법에 경험이 있는 전문가로 구성되었는지의 여부
3. 공정사고조사 보고서에는 최소한 다음 각 목의 사항이 포함되었는지의 여부
   가. 사고발생 일시와 조사일시
   나. 사고발생 개요와 사고발생 원인
   다. 개선해야 할 내용과 재발방지 대책
4. 사고조사 보고서에 사고와 관련이 있는 공정운전 전문가와 개선 및 방지대책 수행 책임부서 전문가가 최종적으로 검토·확정하고 있는지의 여부
5. 사고조사 보고서에서 제시된 개선해야 할 사항과 재발방지 대책을 수행하기 위하여 책임부서를 지정하고 있으며, 수행결과를 서류화하여 정확한 수행 여부를 관리하고 있는지의 여부
6. 사고조사 보고서를 5년 이상 보관하고 있는지의 여부

감사대상	개선사항
공정사고조사	아차사고는 공정사고조사의 일환이므로 누락되는 부분이 없도록 규정에 맞게 실시할 것을 환기함
	사고조사는 신속하게(24시간 이내) 시작하도록 수정 하여야 함
	아차사고를 포함한 공정사고조사팀에는 사고조사 전문가 및 사고와 관련된 작업을 하는 근로자 (도급업체근로자포함)를 포함하여 구성할 것
	정기적 사례발표대회 등을 통한 활성화 대책을 수립할 것을 권고함
	일반아차사고가 아닌 화재·폭발 누출 등 공정과 관련된 내용 별도로 파일링하여 전부서원에게 교육 시킬 것이 요구됨
	5년전 이내의 자료는 파일링을 철저히 하여 즉시 확인이 가능 하도록 관리를 요구함
	재발방지대책은 기술적, 관리적, 교육적 대책 등이 적절하게 작성되어 있어야 함
	사고와 관련이 있는 공정운전 전문가와 개선 및 방지대책 수행 책임부서 전문가가 최종적으로 검토·확정하도록 함

1.13 비상조치계획

비상조치계획에서 감사 확인 사항은 각 시나리오에 대하여 적절하게 대응하고 있는지를 확인하여야 한다. 최근의 사회적 관점의 하나가 인근 사업장이나 주민에 대한 적절한 대응 방법에 대하여 적절한지의 여부이다. 또한 연락체계의 현실성에 대하여 감사하여야 한다. 비상 대응 훈련이 소방훈련 한가지로만 실시하는 사업장도 있는데 이는 올바른 훈련이 아니다. 실제 공정에서 일어날 수 있는 공정사고에 대한 실질적인 훈련이 중요하다. 물론 소방훈련은 법적인 훈련으로써 반드시 실시하여야 하지만 사업장별로 수립한 사고 시나리오에 대한 훈련을 실시하여야 한다. 인근 주민에 대한 연락방법이나 전화번호 등이 최신정보인지를 확인하여야 한다. 다음은 비상조치계획에 대한 "공정안전보고서의 제출 · 심사 · 확인 및 이행상태평가 등에 관한 규정"에서 정하는 사항으로 감사기준이 되는 내용이다. 그러므로 비상조치계획에 대한 감사의 기준으로 활용이 가능하다. 비상조치계획에 대하여는 다음 각 호의 기준에 따라 심사하여야 한다.

1. 비상조치계획에 다음 각 목의 사항이 포함되었는지의 여부
   가. 전 근무자의 사전 교육 계획
   나. 비상 시 대피절차와 비상대피로의 지정
   다. 대피 전에 주요 공정설비에 대한 안전조치를 취해야 할 대상과 절차
   라. 비상대피 후의 전 직원이 취해야 할 임무와 절차
   마. 피해자에 대한 구조 · 응급조치 절차
   바. 내 · 외부와의 통신 체계 및 방법
   사. 비상조치 시의 총괄부서 및 조직
   아. 사고발생 시 및 비상대피 시 보호구 착용 지침
   자. 주민 홍보 계획
   차. 외부기관과의 협력체제
   카. 최악 및 대안의 사고 시나리오의 피해예측 결과를 반영한 구체적인 대응계획
   타. 내부비상조치계획과 외부비상조치계획의 적정한 연계
2. 사업장에서 비상조치가 취해져야 할 경우 전 직원에 긴급경보 조치를 취하고 있으며, 필요 시 인근지역 주민에게 비상사태를 알리고 안전한 필요한 조치를 할 수 있는지의 여부
3. 사업장에서는 전 직원이 안전하고 질서 있게 비상조치를 실행할 수 있도록 안내하고

지도하는 사람을 지정하고, 안내 · 지도에 필요한 교육을 시행하고 있는지의 여부

4. 사업장의 안전보건 총괄책임자는 다음 각 목의 경우에 있어서 비상조치계획을 검토하고 있는지의 여부
   가. 최초 비상조치계획을 수립할 경우
   나. 각 비상조치 요원의 비상조치 임무가 변경될 경우
   다. 비상조치계획 자체가 변경되었을 경우
5. 비상조치계획은 서류로 알기 쉽게 작성되어 접근이 용이한 곳에 갖추어두었는지의 여부
6. 최악 및 대안의 사고 시나리오의 피해예측 결과를 반영한 대응계획에 가동정지절차 등이 구체적으로 작성되었는지의 여부

감사대상	개선사항
비상조치계획	훈련시나리오에 대한 중요도 평가 후 위험도가 높은 시나리오를 선별하여 순차적으로 훈련 실시할 것을 권장함
	현장실태에 맞는 비상조치 계획(대피, 대피로, 피난처 등)을 권장함
	인근 사업장에 대한 연락번호가 과거의 연락번호이므로 현재의 번호를 확보하여 유지하기 바람
	주변 사업장에 유해위험물질 및 설비 정보, 사고시나리오, 비상신호 체계 등을 통보한 이력이 없음
	비상대응훈련 후 그 결과를 문서화하여 훈련에 대한 문제점 및 보완사항을 기록 관리하고 차기 훈련 시 반영하도록 하며 훈련 결과에 대한 교육을 실시할 것을 권장함
	비상조치 계획에 각 담당 또는 작업자에 대한 역할이 구체적이지 못함
	비상조치계획에 최악의 사고 시나리오를 반영한 기술적 근거가 부족함
	필요 시 인근지역 주민에게 비상사태를 알리고 안전한 필요 조치를 할 수 있도록 하는 규정 추가
	사업장에서 전 직원이 안전하고 질서있게 비상조치를 실행할 수 있도록 안내하고 지도하는 사람을 지정하여 안내 지도에 필요한 교육을 시행

1.14 현장확인

현장확인은 감사점검표의 21개 항목을 기준으로 감사를 진행한다. 또한 산업안전보건 기준에 관한 규칙에서 정하는 사항에 대해서도 확인하고 위반사항이 없도록 하여야 한다. 기본적으로 현장의 정리정돈에 대해서도 확인하여 작업자의 PSM에 대한 관심을 높여야 한다. 또한 각종 표지 및 운전절차서에 대하여 최신본인지도 확인하여야 한다. 다음은 여러 사업장에서 발견되는 현장의 지적사항으로 감사에 참고할 필요가 있다.

감사대상	개선사항
현장확인	PSM보고서는 관리 사무실 외 실질적인 설비를 운용하고 관리하는 부서의 사무실에도 비치할 것을 권장함
	현장실태에 맞는 비상조치 계획(대피, 대피로, 피난처 등)의 표시 및 관리를 권장함
	현장과 변경요소실시의 결과가 불일치함
	비상대피로 표지판 및 비상대피로의 표식이 현장의 각 요소마다 표시 관리가 미흡함
	개인보호구의 관리 상태가 부적절함
	밸브마다 번호를 부여하거나 게이지의 적정범위를 표시하는 등의 관리상태가 미흡함
	개인보호구의 수량에 대한 목록화가 없는 상태로 관리함
	위험물의 입·출하 규정이 미비함
	알람리스트 등을 별도로 관리하여야 함
	인터록에 대한 문서의 목록화가 필요함
	소화전이 설치되어 있으나 즉각 사용할 수 있도록 체결하여 관리 할 필요가 있음
	현장 주요통로에 비상대피로 표시판을 만들어 부착할 것을 권장함
	현장에 표기되어 있는 비상 대피로를 비상 대응 매뉴얼 도면에 표기하여 관리할 것을 권고함
	현장의 정리정돈이 양호하나 업무와 무관한 공구, 부품 등은 작업후에 즉시 정리가 필요함
	중요배관에 한해서 표시를 하였으나 밸브의 경우 상시 개·폐의 표시를 권장함
	비정상적인 배관, 장치, 설비 중에 위험물의 누출은 없으나, 정상적인 상태에서 집합관에 모이는 위험물이 포집관의 크기부족으로 소량이 바닥에 번짐의 흔적이 있음

	방폭전기설비의 내압을 유지하는 체결 볼트가 망실되어 있음
	MSDS가 변색되어 활용이 어려움
	작업허가서에 서명이 누락되어 있음
	비상구가 제품의 보관으로 폐쇄되어 있음
	피난구유도등이 파손되어 있음
	10년이 경과한 소화기 사용
	방폭지역에서 비방폭공구의 사용금지
	교반기의 회전축부위의 보호커버 설치요함
	작업장 내부에서 사용하고 있는 소분병에 MSDS에 의한 위험표지를 부착요함
	교반기에 부착되어 유체의 제어를 하는 모든 밸브에는 개폐표시를 할 것을 권장함

부록 1

자체감사에 관한 기술지침(KOSHA GUIDE P-99-2012)

1. 목 적

이 지침은 「산업안전보건법」(이하 "법"이라 한다) 제49조의2(공정안전보고서의 제출 등), 동법 시행령 제33조의6(공정안전보고서의 제출 대상) 및 동법 시행규칙 제130조의2(공정안전보고서의 세부내용 등)에서 정한 공정안전보고서에 포함될 내용 중 자체감사 계획의 수립 및 시행에 필요한 사항을 정하는데 그 목적이 있다.

2. 적용범위

이 지침은 공정안전보고서(이하 "보고서"라 한다) 내용을 각 담당부서가 성실히 이행하고 있는지의 여부를 확인하기 위한 자체감사(이하"감사"라 한다) 계획을 수립하고, 시행하는데 적용한다.

3. 정 의

이 지침에서 사용하고 있는 용어의 정의는 특별한 규정이 있는 경우를 제외하고는 법, 같은 법 시행령, 같은 법 시행규칙 및 산업안전보건기준에 관한 규칙에서 정하는 바에 따른다.

4. 감사계획

4.1 감사계획수립

(1) 감사를 주관하는 부서의 장은 감사를 시행하기 전에 감사계획을 수립하여야 한다.

(2) 감사계획에는 다음 사항이 포함되어야 한다.

(가) 감사일정

(나) 감사팀 구성 및 감사요원의 역할 및 책임

(다) 감사대상 범위(사업장, 공정 조직)

(라) 감사기준

(마) 감사절차

(바) 감사보고서 작성 및 조치

4.2 감사점검표

(1) 감사점검표는 감사요원이 시행규칙 제 130조의2에서 규정한 보고서의 전 항목을 감사하는 데 필요한 상세 사항들을 점검할 수 있도록 작성하며, 구체적인 작성방법은 KOSHA GUIDE (자체감사 확인점검표 작성에 관한 기술지침)에 따른다.
(2) 감사점검표는 감사내용 및 감사결과에 대한 시정내용을 기재할 수 있어야 한다.
(3) 시정내용을 사후관리 할 수 있도록 작성하여야 한다.
(4) 감사요원들의 소속과 성명을 기입할 수 있도록 한다.

4.3 감사주기

(1) 사업주는 공정안전보고서에 규정한 대로 이행되고 있는지의 여부를 평가 · 확인하기 위하여 년 1회 이상 정기적으로 감사를 실시하여야 한다.
(2) 사업주는 다음과 같은 사유가 발생한 경우에는 특별감사를 실시할 수 있다.
  (가) 중대재해 발생 또는 사회의 물의를 일으키거나 발생할 우려가 있는 경우
  (나) 공정운전에 중대한 결함이 있는 경우
  (다) 그 밖에 사업주가 필요하다고 인정한 경우

5. 감사팀 구성

5.1 감사요원

(1) 감사요원은 가능한 감사대상조직을 공정하게 감사할 수 있도록 자체 감사요원 자격기준에 따라 적합하고 독립적인 자로 선정하여야 한다.
(2) 감사팀은 감사대상 공정의 크기, 복잡성 및 감사범위 등을 감안하여 다음과 같은 1인 이상의 기술자로 구성한다.
  (가) 공정설계 또는 공정 기술자
  (나) 계측제어, 전기 · 방폭 기술자
  (다) 검사 · 정비 기술자
  (라) 안전관리자
(3) 감사요원의 자격기준은 다음 사항을 고려하여 자체적으로 정하여야 한다.
  (가) 감사원칙, 절차 및 기법 등에 관한 일반적인 지식 및 숙련도 정도
  (나) 공정안전관리, 안전보건경영시스템 및 조직의 운영상황의 이해
  (다) 학력, 업무경험, 감사요원 훈련 및 감사 경험 정도

5.2 감사팀 조직

(1) 감사요원이 2명 이상인 경우에는 그 중 1명을 팀장으로 지정한다.

(2) 감사팀장과 팀원 및 팀원 간에는 감사대상 또는 범위에 대하여 역할과 책임을 정한다.

6. 감사시행

6.1 서류감사

(1) 보고서에서 정한 절차에 따라 이행되고 있는지 여부를 서류로 확인한다.

(2) 감사절차와 점검표를 사용하여 보고서를 이행하기 위한 계획, 수행과정 및 그 결과에 대하여 체계적으로 분석한다.

(3) 서류 내용의 적정성, 빈도의 적합성 및 효율성 등이 보고서에서 요구하는 목표와 목적에 부합되는지의 여부를 판단한다.

6.2 현장감사

(1) 안전·보건정책, 안전운전절차 및 작업허가절차 등에 대한 현장에서의 실제 수행사항을 확인한다.

(2) 현재 적용중인 안전운전지침 및 절차서 등과 같은 각종 기준과 절차가 현재의 공정 및 설비에 적합한지의 여부를 확인한다.

(3) 운전설비에 어떠한 결함이 있는지 여부를 확인한다.

6.3 면담

(1) 사업주로부터 현장 근로자에 이르기까지 모든 계층의 공정관련자를 샘플링하여 면담한다.

(2) 면담을 통하여 사업주를 비롯한 경영층은 기업 경영정책에 안전보건경영의 반영유무, 공정안전관리의 필요한 사업주 책임의 이행 등 공정안전관리의 이행수준을 평가한다. 또한 근로자들을 대상으로는 안전작업수칙, 안전작업절차 및 비상조치계획상의 담당업무 내용을 숙지하고, 실천하고 있는지의 여부를 확인한다.

6.4 감사 평가

(1) 감사 평가는 객관적인 자료를 확인하여 실시하되, 그 자료가 없거나 미비한 경우 해당자에 질의를 통해 감사원이 확인하여 평가한다.

(2) 관련 자료를 충분히 수집하고 검토하되, 모든 자료들을 전부 검토할 수 없을 경우에는 감사결과에 신뢰성을 저해하지 않는 범위에서 샘플감사를 할 수 있다.

(3) 감사팀은 감사자료를 체계적으로 분석하여 철저한 공정안전관리의 시행과 효과적인 시행을 위해 필요한 제반 시정요구 사항들을 문서화 하여야 한다.

6.5 부적합 또는 권고사항

(1) 감사결과 보고서에 규정된 사항이 이행되지 않거나, 설비에 결함 등이 발견되면 해당 부서장의 동의를 받아 부적합 사항에 대해서는 6.2에 따라 후속 조치를 하여야 한다.

(2) 그 밖에 공정안전을 확보하기 위하여 필요한 사항은 개선 권고할 수 있다.

7. 감사결과 보고서 작성 및 후속 조치

7.1 감사결과 보고서 작성

(1) 감사결과 보고서에는 다음 사항이 포함되어야 한다.

(가) 4.1의 (2) 감사계획서에 따른 실시 결과

(나) 감사 평가결과

(다) 부적합 또는 권고사항 내용

(라) 감사 결론

(2) 감사팀장은 감사가 종료되면 감사결과 보고서를 작성하여 사업주에게 보고하고, 사업주는 그 내용을 사내방송?사내보?게시 또는 조회 등 기타 적절한 방법으로 근로자에게 알려야 한다.

7.2 후속조치

(1) 감사팀장 또는 감사주관 부서의 장은 감사결과 다음과 같은 사항에 대하여 해당부서의 장에게 기한을 정해 시정조치를 요구한다.

(가) 6.4에 따른 평가결과 일정 점수 미만인 사항

(나) 6.5에 따른 부적합 또는 권고사항

(2) 시정조치를 요구받은 부서의 장은 후속조치한 후 그 결과를 감사팀장 또는 감사주관 부서의 장에게 통보하고, 조치를 요구한 자는 그 내용을 확인하여야 한다.

(3) 기계기구 설비 또는 운전절차를 변경해야 하는 후속조치는 위험성 평가 및 변경요소관리절차에 따라 개선한다.

(4) 감사에서 제시된 평가 · 분석결과에 따라 지속적인 조사 · 연구가 필요하거나 정밀검토가 필요한 사항에 대하여는 지속적으로 조사 · 연구가 되어야 한다.

8. 문서보존

(1) 감사계획, 감사결과 보고서 및 시정조치요구서 등 감사관련 보고서는 문서로 작성하여야 한다.

(2) 자체감사 보고서는 3년 이상을 보관하여야 한다.

부록 2

공정안전보고서의 제출 · 심사 · 확인 및 이행상태평가 등에 관한 규정

[시행 2017.11.2] [고용노동부고시 제2017-62호, 2017.11.2, 일부개정]

고용노동부(화학사고예방과), 044-202-7754

제1장 총칙

제1조(목적) 이 고시는 「산업안전보건법」 제49조의2, 같은 법 시행령 제33조의6부터 제33조의8까지 및 같은 법 시행규칙 제130조의2부터 제130조의7까지의 규정에 따른 공정안전보고서의 제출 · 심사 · 확인 및 이행상태평가 등에 필요한 사항을 규정함을 목적으로 한다.

제2조(정의) ① 이 고시에서 사용하는 용어의 뜻은 다음과 같다.

1. 「산업안전보건법 시행령」(이하 "영"이라 한다) 제33조의8제1항에서 "고용노동부장관이 정하는 주요 구조부분의 변경"이란 다음 각 목의 어느 하나에 해당하는 경우를 말한다.
   가. 반응기를 교체(같은 용량과 형태로 교체되는 경우는 제외한다)하거나 추가로 설치하는 경우 또는 이미 설치된 반응기를 변형하여 용량을 늘리는 경우
   나. 생산설비 및 부대설비(유해 · 위험물질의 누출 · 화재 · 폭발과 무관한 자동화창고 · 조명설비 등은 제외한다)가 교체 또는 추가되어 늘어나게 되는 전기정격용량의 총합이 300킬로와트 이상인 경우
   다. 플레어스택을 설치 또는 변경하는 경우
2. 영 별표 10의 비고 제2호에 따른 "고온 · 고압의 공정운전조건으로 인하여 화재 · 폭발위험이 있는 상태"란 취급물질의 인화점 이상에서 운전되는 상태를 말한다.
3. 「산업안전보건법 시행규칙」(이하 "규칙"이라 한다) 제130조의3에 따른 "착공일"이란 유해 · 위험설비를 설치 · 이전할 경우에는 해당 설비를 설치 · 이전하는 공사를 시작하는 날을, 주요구조부분을 변경하는 경우에는 해당 변경공사를 시작하는 날을 말한다.
4. 규칙 제130조의6제1항제1호에 따른 "설치과정"이란 주요 기계장치의 설치, 배관, 전기 및 계장작업이 진행되고 있는 과정을 말한다.
5. 규칙 제130조의6제1항제1호에 따른 "설치 완료 후 시운전단계"란 모든 기계적인 작업이 완

료되고 원료를 공급하여 성능을 확인하기 위하여 운전하는 단계로, 상용생산 직전까지의 과정을 말한다.

6. "공정위험성평가 기법"이란 사업장내에 존재하는 위험에 대하여 정성(定性)적 또는 정량(定量)적으로 위험성 등을 평가하는 방법으로서 체크리스트기법, 상대위험순위 결정 기법, 작업자 실수 분석 기법, 사고예상 질문 분석 기법, 위험과 운전분석 기법, 이상위험도 분석 기법, 결함수 분석 기법, 사건수 분석 기법, 원인결과 분석 기법, 예비위험 분석 기법, 공정위험 분석 기법, 공정안정성 분석 기법, 방호계층 분석 기법 등을 말한다.
7. "체크리스트(Checklist)기법"이란 공정 및 설비의 오류, 결함상태, 위험상황 등을 목록화한 형태로 작성하여 경험적으로 비교함으로써 위험성을 파악하는 방법을 말한다.
8. "상대위험순위결정(Dow and Mond Indices, DMI)기법"이란 공정 및 설비에 존재하는 위험에 대하여 상대위험 순위를 수치로 지표화하여 그 피해정도를 나타내는 방법을 말한다.
9. "작업자실수분석(Human Error Analysis, HEA)기법"이란 설비의 운전원, 보수반원, 기술자 등의 실수에 의해 작업에 영향을 미칠 수 있는 요소를 평가하고 그 실수의 원인을 파악·추적하여 정량(定量)적으로 실수의 상대적 순위를 결정하는 방법을 말한다.
10. "사고예상질문분석(What-if)기법"이란 공정에 잠재하고 있는 위험요소에 의해 야기될 수 있는 사고를 사전에 예상·질문을 통하여 확인·예측하여 공정의 위험성 및 사고의 영향을 최소화하기 위한 대책을 제시하는 방법을 말한다.
11. "위험과 운전분석(Hazard and Operability Studies, HAZOP)기법"이란 공정에 존재하는 위험요소들과 공정의 효율을 떨어뜨릴 수 있는 운전상의 문제점을 찾아내어 그 원인을 제거하는 방법을 말한다.
12. "이상위험도분석(Failure Modes Effects and Criticality Analysis, FMECA)기법"이란 공정 및 설비의 고장의 형태 및 영향, 고장형태별 위험도 순위 등을 결정하는 방법을 말한다.
13. "결함수분석(Fault Tree Analysis, FTA)기법"이란 사고의 원인이 되는 장치의 이상이나 고장의 다양한 조합 및 작업자 실수 원인을 연역적으로 분석하는 방법을 말한다.
14. "사건수분석(Event Tree Analysis, ETA)기법"이란 초기사건으로 알려진 특정한 장치의 이상 또는 운전자의 실수에 의해 발생되는 잠재적인 사고결과를 정량(定量)적으로 평가·분석하는 방법을 말한다.
15. "원인결과분석(Cause-Consequence Analysis, CCA)기법"이란 잠재된 사고의 결과 및 사고의 근본적인 원인을 찾아내고 사고결과와 원인 사이의 상호 관계를 예측하여 위험성을 정량(定量)적으로 평가하는 방법을 말한다.
16. "예비위험분석(Preliminary Hazard Analysis, PHA)기법"이란 공정 또는 설비 등에 관한 상세한 정보를 얻을 수 없는 상황에서 위험물질과 공정 요소에 초점을 맞추어 초기위험을 확인하는 방법을 말한다.
17. "공정위험분석(Process Hazard Review, PHR)기법"이란 기존설비 또는 공정안전보고서(이하

"보고서"라 한다)를 제출 · 심사 받은 설비에 대하여 설비의 설계 · 건설 · 운전 및 정비의 경험을 바탕으로 위험성을 평가 · 분석하는 방법을 말한다.

18. "공정안전성 분석 기법(K-PSR, KOSHA Process safety review)"이란 설치 · 가동 중인 화학공장의 공정안전성(Process safety)을 재검토하여 사고위험성을 분석(Review)하는 방법을 말한다.
19. "방호계층 분석 기법(Layer of protection analysis, LOPA)"이란 사고의 빈도나 강도를 감소시키는 독립방호계층의 효과성을 평가하는 방법을 말한다.
20. "작업안전 분석 기법(Job Safety Analysis, JSA)"이란 특정한 작업을 주요 단계(Key step)로 구분하여 각 단계별 유해위험요인(Hazards)과 잠재적인 사고(Accidents)를 파악하고 이를 제거, 최소화 또는 예방하기 위한 대책을 개발하기 위해 작업을 연구하는 방법을 말한다.
21. "기존설비"란 보고서를 최초 제출하기 이전부터 가동 중인 설비로 영 제33조의6에 따른 보고서 제출대상인 설비(사용량 증가, 사용물질 변경 또는 산업안전보건법령 개정에 따라 제출대상이 된 설비를 포함한다)를 말한다.
22. "단위공장"이란 동일 사업장 내에서 제품 또는 중간제품(다른 제품의 원료)을 생산하는데 필요한 원료처리 공정에서부터 제품의 생산 · 저장(부산물 포함) 까지의 일관공정을 이루는 설비를 말한다.
23. "단위공정"이란 단위공장 내에서 원료처리공정, 반응공정, 증류추출 등 분리공정, 회수공정, 제품저장 · 출하 공정 등과 같이 단위공장을 구성하고 있는 각각의 공정을 말한다.
24. "자체점검"이란 위험설비의 안전성을 확보하기 위하여 적용기준 및 표준에 따라 사업주가 일정주기마다 자율적으로 실시하는 검사 및 시험 등의 점검을 말한다.
25. "심사"란 사업주가 규칙 제130조의3에 따라 제출한 보고서에 대해 제4장의 심사기준을 충족시키고 있는지를 확인하고 필요한 경우 의견을 제시하는 일체의 행위를 말한다.
26. "공동심사"란 영 제33조의8제2항, 「고압가스 안전관리법 시행령」 제10조제2항에 따라 사업주가 한국가스안전공사(이하 "가스안전공사"라 한다)에 제출한 보고서에 대하여 가스안전공사와 한국산업안전보건공단(이하 "공단"이라 한다)이 각각의 심사기준에 따라 동시 또는 순차적으로 심사하는 방법을 말한다.
27. "순차심사"란 제26호에 따른 공동심사의 방법으로서, 사업주가 제출한 보고서에 대하여 가스안전공사에서 우선 심사를 한 후, 공단에서는 가스안전공사의 심사결과를 참조하여 심사를 하는 방법을 말한다.
28. "동시심사"란 제26호에 따른 공동심사의 방법으로서, 사업주가 제출한 보고서에 대하여 가스안전공사와 공단이 동시에 심사를 하는 방법을 말한다.
29. "최악의 사고 시나리오"란 누출 · 화재 또는 폭발이 일어난 지점으로부터 독성농도, 과압 또는 복사열 등의 위험수치에 도달하는 거리가 가장 먼 가상 사고를 말한다.
30. "대안의 사고 시나리오"란 최악의 사고 시나리오보다 현실적으로 발생 가능성이 높은 사

고 시나리오 중 누출·화재 또는 폭발이 일어난 지점으로부터 독성농도, 과압 또는 복사열 등의 위험수치에 도달하는 거리가 가장 먼 것을 말한다.

② 그 밖에 이 고시에서 정하지 아니한 용어의 뜻은 산업안전보건법(이하 "법"이라 한다)·영·규칙 및 「산업안전보건기준에 관한 규칙」(이하 "안전보건규칙" 이라 한다)과 공단의 안전보건기술지침에서 정하는 바에 따른다.

제2조의2(적용제외) 영 제33조의6제2항제8호에서 "그 밖에 고용노동부장관이 누출·화재·폭발 등으로 인한 피해의 정도가 크지 않다고 인정하여 고시하는 설비"란 비상발전기용 경유의 저장탱크 및 사용설비를 말한다.

제3조(비밀보장) ① 사업주는 제출된 보고서의 내용 중 기업의 정보 유출로 인한 피해가 우려되는 부분에 대하여는 기업의 비밀보장을 공단에 요구할 수 있다.
② 공단은 사업주로부터 비밀보장을 요구받은 부분에 대하여는 특별한 관리절차를 규정하고 이에 따라 관리하여야 한다.

제2장 보고서의 제출·심사 및 확인 등

제1절 보고서의 작성·제출

제4조 (보고서 작성 및 심사신청 등) ① 사업주는 규칙 제130조의3에 따른 기간 내에 별지 제1호서식의 보고서 심사신청서를 공단에 제출하여야 한다.
② 사업주는 제3장에 따라 보고서를 작성하여야 한다. 다만, 주요 구조부분 변경을 이유로 보고서를 작성하는 경우에는 그 변경부분 및 그와 관련된 부분에 한정한다.
③ 사업주는 보고서를 협력업체 근로자를 포함한 모든 근로자가 읽어 볼 수 있도록 한글로 작성하고, 전자파일 형식으로 작성하는 경우에는 해당 전자파일을 읽을 수 있는 전자시스템을 갖추어야 한다.

제5조(제출 면제) ① 공단은 사업주가 보고서를 제출하여 공단의 심사를 받은 후 다른 설비에 대한 보고서를 새로 제출하는 경우 이미 심사받은 보고서의 내용과 동일한 내용이 있을 때에는 그 내용의 제출을 면제할 수 있다.
② 분사, 합병, 계열분리 또는 매각 등의 사유로 사업주가 변경되었으나 보고서 제출 대상인 유해·위험설비는 변경되지 않았음을 변경된 사업주가 관할 중대산업사고 예방센터가 설치된 지방고용노동관서의 장(이하 "지방관서의 장"이라 한다)으로부터 인정받은 경우에는 보고서를

제출하지 아니할 수 있다.

제6조(작성자) ① 사업주는 보고서를 작성할 때 다음 각 호의 어느 하나에 해당하는 사람으로서 공단이 실시하는 관련교육을 28시간 이상 이수한 사람 1명 이상을 포함시켜야 한다.

1. 기계, 금속, 화공, 요업, 전기, 전자, 안전관리 또는 환경분야 기술사 자격을 취득한 사람
2. 기계, 전기 또는 화공안전 분야의 산업안전지도사 자격을 취득한 사람
3. 제1호에 따른 관련분야의 기사 자격을 취득한 사람으로서 해당 분야에서 5년 이상 근무한 경력이 있는 사람
4. 제1호에 따른 관련분야의 산업기사 자격을 취득한 사람으로서 해당 분야에서 7년 이상 근무한 경력이 있는 사람
5. 4년제 이공계 대학을 졸업한 후 해당 분야에서 7년 이상 근무한 경력이 있는 사람 또는 2년제 이공계 대학을 졸업한 후 해당 분야에서 9년 이상 근무한 경력이 있는 사람
6. 「초 · 중등교육법」에 따른 특성화 고등학교 또는 이와 같은 수준 이상의 학교를 졸업하고 해당 분야에서 11년 이상 근무한 경력이 있는 사람

② 제1항에 따른 공단에서 실시하는 관련교육은 다음 각 호의 어느 하나의 교육을 말한다.

1. 위험과 운전분석(HAZOP)과정
2. 사고빈도분석(FTA, ETA)과정
3. 보고서 작성 · 평가 과정
4. 〈삭제〉
5. 사고결과분석(CA)과정
6. 설비유지 및 변경관리(MI, MOC)과정
7. 그 밖에 고용노동부장관으로부터 승인받은 공정안전관리 교육과정

제2절 보고서의 심사

제7조(심사 등) ① 공단은 규칙 제130조의4에 따라 보고서를 접수하고 심사할 경우에는 소속 직원 중 다음 각 호의 분야에 해당하는 전문가로 심사반을 구성하고 심사책임자를 임명하여 규칙 제130조의4제1항에 따른 기간에 심사를 완료하고 사업주에게 그 결과를 통지하여야 한다.

1. 위험성평가
2. 공정 및 장치 설계
3. 기계 및 구조설계, 응력해석, 용접, 재료 및 부식
4. 계측제어 · 컴퓨터제어 및 자동화
5. 전기설비 · 방폭전기
6. 비상조치 및 소방
7. 가스, 확산 모델링 및 환경

8. 안전일반
9. 그 밖에 보고서 심사에 필요한 분야

② 공단은 보고서를 심사할 때 특정 사항에 대하여 외부 전문가의 조언이 필요하다고 판단되는 경우에는 다음 각 호의 자격을 갖춘 사람중 제1항에 따른 각 분야의 외부전문가를 부분적으로 심사에 참여시킬 수 있다. 이 경우 심사에 참여하는 외부전문가는 보고서를 공정하게 심사하여야 하고, 심사 중 알게 된 사실에 대하여는 다른 사람에게 누설하여서는 아니 된다.

1. 해당 분야 기술사, 산업안전지도사 또는 산업위생지도사 자격을 취득한 사람
2. 대학에서 해당 분야의 조교수 이상의 직위에 있는 사람
3. 해당 분야의 박사학위를 취득한 후 그 분야의 실무경력 3년 이상인 사람
4. 해당 분야에 실무경력이 10년 이상인 사람
5. 그 밖에 공단 이사장이 인정하는 사람

③ 공단은 제2항에 따른 외부전문가를 심사에 참여시킨 때에는 여비와 수당을 지급할 수 있다.

제8조(공동심사 등) ① 공단은 영 제33조의8제2항에 따라 가스안전공사와 공동으로 심사하여야 한다. 이 경우 사업주는 동시심사 또는 순차심사 중 하나의 방법을 선택할 수 있으며, 보고서 4부를 가스안전공사에 제출하여야 한다.

② 공단은 순차심사를 하는 경우 가스안전공사의 심사결과를 참조하여야 한다. 이 경우 공단의 심사기간은 가스안전공사로부터 보고서 3부 및 심사결과를 이송 받은 날부터 15일을 초과할 수 없다.

③ 공단은 동시심사를 하는 경우 심사일자, 장소 등을 가스안전공사와 협의하여야 한다. 이 경우 공단의 심사기간은 규칙 제130조의4에 따라 30일을 초과할 수 없다.

제9조(사업장 관계자의 참여) 공단은 제7조에 따라 심사를 실시함에 있어 보고서의 내용설명 등을 위하여 사업주에게 보고서 작성에 참여한 관계자의 참석을 요청할 수 있다.

제10조(서류의 보완 등) ① 공단은 심사과정 중 서류의 보완, 그 밖에 추가서류 및 도면이 필요하다고 판단되는 경우 사업주에게 이를 요청할 수 있다. 이 경우 별지 제3호서식에 의하여 일괄 요청해야 한다.

② 제1항에 따른 서류보완 등의 기간은 심사기간에 포함하지 않으며, 그 기간은 30일을 초과할 수 없다. 다만 사업주의 요청이 있는 경우에는 30일 이내에서 연장할 수 있다.

제3절 심사결과 조치

제11조(심사결과 구분) 공단은 보고서의 심사결과를 다음 각 호의 어느 하나로 결정한다.

1. 적정: 보고서의 심사기준을 충족한 경우
2. 조건부 적정: 보고서의 심사기준을 대부분 충족하고 있으나 부분적인 보완이 필요한 경우
3. 부적정: 다음 각 목의 어느 하나에 해당하는 경우
   가. 심사 결과 조건부 적정 항목이 10개 이상인 경우
   나. 제10조에 따른 서류보완을 기간 내에 하지 아니하여 심사가 곤란한 경우
   다. 안전보건규칙 제225조부터 제300조까지, 제311조 또는 제422조 중 어느 하나를 준수하지 않은 경우

제12조(심사결과의 조치 등) ① 공단은 보고서를 심사한 결과 제11조제1호 또는 제2호에 따라 적정 또는 조건부 적정 판정을 하는 경우에는 별지 제4호서식의 보고서 심사결과 통지서 및 별표 1의 심사필인 또는 서명이 날인된 보고서 1부를 첨부하여 해당 사업주에게 알리고, 지방관서의 장에게 보고하여야 한다.

② 공단은 보고서를 심사한 결과 제11조제3호에 따라 부적정 판정을 하는 경우에는 별지 제4호서식의 보고서 심사결과 통지서에 그 사유를 구체적이고 명확하게 작성하여 사업주에게 알려야 하며, 보고서 일체를 사업주에게 반려하여야 한다.

③ 공단은 제2항에 따라 보고서를 반려하는 경우에는 별지 제5호서식의 보고서 심사결과 조치 요청서에 그 사유를 구체적이고 명확하게 작성하여 지방관서의 장에게 보고하여야 한다.

④ 지방관서의 장은 제3항에 따른 보고를 받은 때로부터 7일 이내에 사업주에게 보고서 보완에 필요한 기간을 정하여 보고서를 보완한 후 다시 제출하도록 조치하여야 한다.

제13조(다른 기관과의 협조) ① 공단은 보고서를 심사한 결과 「위험물안전관리법」에 따른 화재의 예방 · 소방 등과 관련되는 내용으로서 제11조제1호 및 제2호에 따라 적정 또는 조건부 적정 판정을 하는 경우에는 별지 제6호서식의 보고서 심사결과 통지서로 그 심사결과를 관할 소방관서의 장에게 알려야 한다.

② 공단은 제8조에 따라 보고서를 가스안전공사와 공동심사한 경우에는 별지 제7호서식의 보고서 심사결과 통지서로 그 심사결과를 고압가스시설의 허가관청에 알려야 한다. 다만, 제11조제3호에 따라 부적정 판정을 한 경우에는 알리지 아니할 수 있다.

제14조(재심사 신청) ① 사업주는 제12조제2항에 따라 보고서를 반려 받은 경우에는 같은 조 제4항에 따라 지방관서의 장으로부터 재제출 명령을 받은 날부터 정해진 기간 이내에 보고서를 새로 작성하여 공단에 재심사를 신청하여야 한다.

② 보고서의 재심사와 관련한 절차 등에 관하여는 제4조부터 제13조까지를 준용한다.

제4절 확인

제15조(확인 요청 등) ① 사업주가 법 제49조의2제6항 및 규칙 제130조의6에 따라 확인을 받으려는 경우에는 확인을 받고자 하는 날의 20일 전까지 별지 제9호서식의 확인요청서를 공단에 제출하여야 한다.

② 규칙 제130조의6제1항에서 "그 밖에 자격 및 관련 업무 경력 등을 고려하여 고용노동부장관이 정하여 고시하는 요건을 갖춘 사람"은 다음 각 호의 어느 하나에 해당하는 사람으로 한다.

1. 화공 및 안전관리(가스, 소방, 기계안전, 전기안전, 화공안전)분야 기술사
2. 기계안전 · 전기안전분야 산업안전지도사
3. 화공 및 안전관리 분야 박사학위를 취득한 후 해당 분야에서 3년 이상 실무를 수행한 사람

③ 공단은 제1항에 따라 사업주로부터 확인요청을 받은 때에는 요청서 접수일부터 7일 이내에 확인실시 일정을 결정하여 사업주에게 알려야 한다.

④ 사업주가 규칙 제130조의6제1항 단서에 따라 공단의 확인을 생략하려는 경우에는 다음 각 호의 사항이 포함된 자체감사 결과를 공단에 제출하여야 한다.

1. 자체감사에 참여한 외부 전문가의 자격 입증 서류 1부
2. 공단이 정한 자체감사 확인점검표 1부
3. 자체감사결과에 따른 보완 및 시정계획서 1부

⑤ 공단은 사업주가 제4항에 따라 제출한 자체감사결과를 제16조를 준용하여 처리한다. 이 경우 사업주가 제4항 각 호에 따른 서류를 제출하지 아니하였거나, 자체감사결과가 부실하여 제16조제1항 각 호의 어느 하나로 구분하여 확인하기 어렵다고 판단되면 제1항 및 제3항에 따라 확인을 실시할 수 있도록 조치하여야 한다.

⑥ 규칙 제130조의6제1항제4호에서 "고용노동부장관이 정하여 고시하는 사업장"은 다음 각 호의 어느 하나에 해당하는 사업장으로 한다.

1. 법 제49조에 따라 공단이 수행하는 안전 · 보건진단을 받은 사업장. 다만, 안전 · 보건진단에 보고서 내용 및 이행 여부에 대한 진단이 포함된 경우로 한정한다.
2. 중대산업사고가 발생하여 제54조제1항제3호나목에 따라 재평가를 받은 날부터 1개월이 지나지 않은 사업장

제16조(확인 등) ① 공단은 규칙 제130조의2에 따른 공정안전보고서의 세부내용 등이 현장과 일치하는지 여부를 확인하고 다음 각 호의 어느 하나로 그 결과를 결정한다.

1. 적합: 현장과 일치하는 경우
2. 부적합: 다음 각 목의 어느 하나에 해당하는 경우

   가. 확인 결과 현장과 일치하지 않은 사항이 10개 이상인 경우

나. 안전보건규칙 제225조부터 제300조까지, 제311조 또는 제422조 중 어느 하나를 준수하지 않은 경우

3. 조건부 적합: 현장과 일치하지 않은 사항이 일부 있으나 제2호에 따른 부적합에까지는 이르지 않은 경우

② 공단은 제1항에 따른 확인결과를 별지 제10호서식의 확인결과통지서로 사업주에게 통지하고, 지방관서의 장에게 보고하여야 한다.

③ 공단은 확인실시결과 제1항제2호 또는 제3호에 따라 부적합 또는 조건부 적합 판정을 하는 경우에는 별지 제11호서식의 확인결과조치요청서에 그 사유와 변경요구내용 등을 구체적이고 명확하게 작성하여 지방관서의 장에게 보고하여야 한다.

④ 지방관서의 장은 공단으로부터 제3항에 따라 보고를 받은 때에는 부적합 사항에 대해 7일 이내에 사업주에게 변경계획의 작성을 명하는 등 필요한 행정조치를 하여야 하며, 사업주는 행정조치를 받은 날로부터 15일 이내에 변경계획을 작성하여 지방관서의 장에게 제출하여야 한다.

⑤ 지방관서의 장은 변경계획의 적절성을 검토하여 그 결과를 사업주에게 알려야 한다. 이 경우 지방관서의 장은 변경계획의 적정성에 대한 검토를 공단에 요청할 수 있다.

⑥ 사업주는 제4항에 따른 변경계획에 따라 이행을 완료하면 별지 제9호서식의 확인요청서로 공단에 다시 확인을 요청하여야 한다.

⑦ 제6항에 따라 다시 확인을 요청한 경우의 절차에 관하여는 제15조제1항부터 제3항까지 및 제16조를 준용한다.

제5절 보고

제17조(보고 등) ① 공단은 규칙 제130조의2부터 제130의6까지의 규정에 따른 보고서의 접수 · 심사 및 확인 등에 관한 사항을 분기별로 지방관서의 장에게 보고하여야 한다.

② 공단은 다음 각 호의 어느 하나에 해당하는 사업장이 있을 때에는 지방관서의 장에게 보고하여야 한다.

1. 보고서 제출기간 경과 사업장
2. 제14조에 따른 재심사 신청을 하지 않은 사업장
3. 제15조에 따른 확인요청을 하지 않은 사업장

③ 지방관서의 장은 제2항에 따라 보고받은 사항에 대하여는 법령에 따라 필요한 조치를 하여야 한다.

제3장 보고서 작성 기준

제1절 일반사항

제18조(사업개요 등) ① 사업주는 보고서 제출대상 설비에 대한 사업개요를 별지 제12호서식의 사업개요에 작성하여야 한다.

② 보고서 제출 대상설비가 전체설비 중 일부분 또는 변경설비인 경우에는 그 해당 부분에 한정하여 보고서를 작성·제출할 수 있다. 이 경우 다음 각 호의 사항을 첨부하여야 한다.

1. 전체 설비 개요
2. 전체 설비에서 사용되는 원료의 종류 및 사용량
3. 전체 설비에서 제조되는 생산품의 종류 및 생산량
4. 전체 설비의 배치도

제18조의2(통합서식의 사용) 법 제49조의2에 따른 보고서와 함께 「화학물질관리법」 제23조에 따른 장외영향평가서, 같은 법 제41조에 따른 위해관리계획서 및 「고압가스 안전관리법」 제13조의2에 따른 안전성향상계획을 작성하고자 하는 사업주는 공단의 「공정안전보고서 등의 통합서식 작성방법에 관한 기술지침」에 따라 보고서를 작성·제출할 수 있다.

제2절 공정안전자료

제19조(유해·위험물질의 종류 및 수량) ① 보고서의 대상 설비에서 취급·저장하는 원료, 부원료, 첨가제, 촉매, 촉매보조제, 부산물, 중간 생성물, 중간제품, 완제품 등 모든 유해·위험 물질은 별지 제13호서식에 기재하여야 한다.

② 저장량은 설비의 최대 저장량을, 취급량은 그 설비에서 하루 동안 취급할 수 있는 최대량을 기재하여야 한다.

제20조(유해·위험물질 목록) ① 유해·위험 물질목록은 별지 제13호서식의 유해·위험물질 목록에 다음 각 호의 사항에 따라 작성하여야 한다.

1. "노출기준"란에는 고용노동부장관이 고시한 「화학물질 및 물리적인자의 노출기준」 에 따른 시간가중평균노출기준을 기재하고, 위 고용노동부 고시에 규정되어 있지 않은 물질에 대하여는 통상적으로 사용하고 있는 시간가중평균노출기준을 조사하여 기재한다.
2. "독성치"란에는 취급하는 물질의 독성값(경구, 경피, 흡입)을 기재한다.
3. "이상반응 유무"란에는 이상반응을 일으키는 물질 및 조건을 기재한다.

② 유해·위험물질목록에는 법 제41조에 따라 작성된 물질안전보건자료를 첨부하여야 한다.

제21조(유해·위험설비의 목록 및 명세) ① 유해·위험설비 중 동력기계 목록은 별지 제14호서식

의 동력기계 목록에 다음 각 호의 사항에 따라 작성하여야 한다.

1. 대상 설비에 포함되는 동력기계는 모두 기재한다.
2. "명세"란에는 펌프 및 압축기의 시간당 처리량, 토출측의 압력, 분당회전속도 등, 교반기의 임펠러의 반경, 분당회전속도 등, 양중기의 들어 올릴 수 있는 무게, 높이 등 그 밖에 동력기계의 시간당 처리량 등을 기재한다.
3. "주요 재질"란에는 해당 기계의 주요 부분의 재질을 재질분류기호로 기재한다.
4. "방호장치의 종류"란에는 해당 설비에 필요한 모든 방호장치의 종류를 기재한다.

② 장치 및 설비 명세는 별지 제15호서식의 장치 및 설비 명세에 다음 각 호의 사항에 따라 작성하여야 한다.

1. "용량"란에는 탑류의 직경·전체길이 및 처리단수 또는 높이, 반응기 및 드럼류의 직경·길이 및 처리량, 열교환기류의 시간당 열량·직경 및 높이, 탱크류의 저장량·직경 및 높이 등을 기재한다.
2. 이중 구조형 또는 내외부의 코일이 설치되어 있는 반응기 및 드럼류는 동체 및 자켓 또는 코일에 대하여 구분하여 각각 기재한다.
3. "사용 재질"란에는 재질분류 기호로 기재한다.
4. "개스킷의 재질"란에는 상품명이 아닌 일반명을 기재한다.
5. "계산 두께"란에 부식여유를 제외한 수치를 기재한다.
6. "비고"란에는 안전인증, 안전검사 등 적용받는 법령명을 기재한다.

③ 배관 및 개스킷 명세는 별지 제16호서식의 배관 및 개스킷 명세에 다음 각 호의 사항에 따라 작성하여야 한다.

1. 해당 설비에서 사용되는 배관에 관련된 사항은 공정 배관·계장도(Piping & Instrument Diagram, P&ID)상의 배관 재질 코드별로 기재한다.
2. "분류코드"란에는 공정 배관·계장도 상의 배관분류 코드를 기재한다.
3. "유체의 명칭 또는 구분"란에는 관련 배관에 흐르는 유체의 종류 또는 이름을 기재한다.
4. "배관 재질"란에는 사용 재질을 재질분류 기호로 기재한다.
5. "개스킷 재질 및 형태"란에는 상품명이 아닌 일반적인 명칭 및 형태를 기재한다.

④ 안전밸브 및 파열판 명세는 별지 제17호서식의 안전밸브 및 파열판 명세에 다음 각 호의 사항에 따라 작성하여야 한다.

1. 설정압력 및 배출용량은 안전보건규칙 제264조 및 제265조에 따라 산출하여 설정한다.
2. "보호기기 번호"란에는 안전밸브 또는 파열판이 설치되는 장치 및 설비의 번호를 기재한다.
3. 보호기기의 운전압력 및 설계압력은 별지 제15호서식의 장치 및 설비 명세에 기록된 운전압력 및 설계압력과 일치하여야 한다.
4. 안전밸브 및 파열판의 트림(Trim)은 취급하는 물질에 대하여 내식성 및 내마모성을 가진

재질을 사용하여야 한다.

5. 안전밸브와 파열판의 정밀도 오차범위는 아래 기준에 적합하여야 한다.

구분	설정압력	설정압력 대비 오차범위
안전밸브	0.5 MPa 미만	±0.015MPa 이내
	0.5MPa 이상 2.0 MPa 미만	±3%MPa이내
	2.0MPa 이상 10.0 MPa미만	±2%MPa이내
	10.0MPa 이상	±1.5MPa이내
파열판	0.3MPa 미만	±0.015MPa이내
	0.3MPa 이상	±5MPa이내

6. "배출구 연결 부위"란에는 배출물 처리 설비에 연결된 경우에는 그 설비 이름을 기재하고, 그렇지 않은 경우에는 대기방출이라고 기재한다.
7. 〈삭 제〉
8. "정격용량"란에는 안전밸브의 정격용량을 기재한다.

제22조(공정도면) ① 공정개요에는 해당 설비에서 일어나는 화학반응 및 처리방법 등이 포함된 공정에 대한 운전조건, 반응조건, 반응열, 이상반응 및 그 대책, 이상 발생시의 인터록 및 조업중지조건 등의 사항들이 구체적으로 기술되어야 하며, 이 중 이상 발생시의 인터록 작동조건 및 가동중지 범위 등에 관한 사항은 별지 제17호의2서식의 이상발생시 인터록 작동조건 및 가동중지 범위에 작성하여야 한다.

② 공정흐름도(Process Fow Diagram, PFD)에는 주요 동력기계, 장치 및 설비의 표시 및 명칭, 주요 계장설비 및 제어설비, 물질 및 열 수지, 운전온도 및 운전압력 등의 사항들이 포함되어야 한다. 다만, 영 제33조의6제1항제1호부터 제7호까지에 해당하지 아니하는 사업장으로서 공정특성상 공정흐름도와 공정배관·계장도를 분리하여 작성하기 곤란한 경우에는 공정흐름도와 공정배관·계장도를 하나의 도면으로 작성할 수 있다.

③ 공정배관·계장도에는 다음 각 호의 사항을 상세히 표시하여야 한다.

1. 모든 동력기계와 장치 및 설비의 명칭, 기기번호 및 주요 명세(예비기기를 포함한다) 등
2. 모든 배관의 공칭직경, 라인번호, 재질, 플랜지의 공칭압력 등
3. 설치되는 모든 밸브류 및 모든 배관의 부속품 등
4. 배관 및 기기의 열 유지 및 보온·보냉
5. 모든 계기류의 번호, 종류 및 기능 등
6. 제어밸브(Control Valve)의 작동 중지시의 상태
7. 안전밸브 등의 크기 및 설정압력
8. 인터록 및 조업 중지 여부

④ 유틸리티 계통도에는 유틸리티의 종류별로 사용처, 사용처별 소요량 및 총 소요량, 공급설비 및 제어개념 등의 사항을 포함하여야 한다.

⑤ 유틸리티 배관 계장도(Utility Flow Diagram, UFD) 에는 공정 배관 · 계장도에 표시되는 모든 것을 포함하여야 한다.

제23조(건물 · 설비의 배치도 등) 각종 건물, 설비 등의 전체 배치도에 관련된 사항들은 다음 각 호의 사항에 따라 작성하여야 한다.

1. 각종 건물, 설비의 전체 배치도에는 건물 및 설비위치, 건물과 건물 사이의 거리, 건물과 단위설비 간의 거리 및 단위설비와 단위설비 간의 거리 등의 사항들이 표시되어야 하고 도면은 축척에 의하여 표시한다.
2. 설비 배치도에는 각 기기 간의 거리, 기기의 설치 높이 등을 축척에 의하여 표시한다.
3. 기기 설치용 철구조물, 배관 설치용 철구조물, 제어실(Control Room) 및 전기실 등의 평면도 및 입면도 등을 각각 작성한다.
4. 철구조물의 내화처리에 관한 사항은 다음 각 목의 사항에 따라 작성한다.
   가. 설비내의 철구조물에 대한 내화(Fire Proofing) 처리 여부를 별지 제18호서식의 내화구조 명세에 기재하고 이와 관련된 상세도면을 작성한다.
   나. 상세도면에는 기둥 및 보 등에 대한 내화 처리방법 및 부위를 명확히 표시한다.
   다. 내화처리 기준은 안전보건규칙 제270조를 참조하여 작성하되 이 기준은 내화에 대한 최소의 기준이므로 사업장의 상황에 따라 이 기준 이상으로 실시하여야 한다.
5. 소화설비 설치계획을 별지 제17호의3서식 또는 소방 관련법(위험물안전관리법 등) 서식의 소화설비 설치계획에 작성하고 소화설비 용량산출 근거 및 설계기준, 소화설비 계통도 및 계통 설명서, 소화설비 배치도 등의 서류 및 도면 등을 작성한다.
6. 화재탐지 · 경보설비 설치계획을 별지 제17호의4서식 또는 소방 관련법(위험물안전관리법 등) 서식 화재탐지 · 경보설비 설치계획에 작성하고 화재탐지 및 경보설비 명세 배치도 등의 서류 및 도면 등을 작성한다.
7. 심사대상 설비에서 취급 · 저장하는 화학물질의 누출로 인한 화재 · 폭발 및 독성물질의 중독 등에 의한 피해를 방지하기 위하여 누출이 예상되는 장소에는 해당 화학물질에 적합한 가스누출감지 경보기 설치계획을 별지 제17호의5서식의 가스누출감지경보기 설치계획에 작성하고 감지대상 화학물질별 수량 및 감지기의 종류 · 형식, 감지기 종류 · 형식별 배치도 등의 서류 및 도면 등을 작성한다.
8. 심사대상 설비에서 취급 · 저장하는 화학물질에 근로자가 다량 노출되었을 경우에 대한 세척 · 세안시설 및 안전보호 장구 등의 설치계획 · 배치에 관하여 안전 보호장구의 수량 및 확보계획, 세척 · 세안시설 설치계획 및 배치도 등의 서류 및 도면 등을 작성한다.
9. 해당 설비에 설치하는 국소배기장치 설치계획은 별지 제19호서식의 국소배기장치 개요에

작성하되, 다음 각 목의 사항을 포함하여야 한다.

가. 덕트, 배풍기, 공기정화장치 등의 설계근거

나. 제어 및 인터록 장치

다. 후드, 덕트, 배풍기, 공기정화장치(제진설비, 세정설비 및 흡착설비 등), 배기구 등의 배관 및 계장도(Piping & Instrument Diagram, P&ID)

라. 그 밖의 유해물질 · 분진작업 관련 설비별 특성에 따른 사항

마. 비상정지 시 발생원 처리대책

제24조(폭발위험장소 구분도 및 전기단선도 등) ① 가스 폭발위험장소 또는 분진 폭발위험장소에 해당되는 경우에는 「한국산업표준(KS)」에 따라 폭발위험장소 구분도 및 방폭기기 선정기준을 다음 각 호의 사항에 따라 작성하여야 한다.

1. 폭발위험장소 구분도에는 가스 또는 분진 폭발위험장소 구분도와 각 위험원별 폭발위험장소 구분도표를 포함한다.
2. 방폭기기 선정기준은 별지 제20호서식의 방폭전기/계장 기계 · 기구 선정기준에 작성하되, 각 공장 또는 공정별로 구분하여 해당되는 모든 전기 · 계장기계 · 기구를 품목별로 기재한다.
3. 방폭기기 형식 표시기호는 「한국산업표준(KS)」 에 따라 기재한다.

② 전기단선도는 수전설비의 책임분계점부터 저압 변압기의 2차측(부하설비 1차측)까지를 말하며, 이 단선도에는 다음 각 호의 사항을 포함하여야 한다.

1. 부스바 또는 케이블의 종류, 굵기 및 가닥수 등
2. 변압기의 종류, 정격(상수, 1 · 2차 전압), 1 · 2차 결선 및 접지방식, 보호방식, 전동기 등 연동장치와 관련된 기기의 제어회로
3. 각종 보호장치(차단기, 단로기)의 종류와 차단 및 정격용량, 보호방식 등
4. 예비 동력원 또는 비상전원 설비의 용량 및 단선도
5. 각종 보호장치의 단락용량 계산서 및 비상전원 설비용량 산출계산서(해당될 경우에 한정한다)

③ 심사대상기기 · 철구조물 등에 대한 접지계획 및 배치에 관한 서류 · 도면 등은 다음 각 호의 사항에 따라 작성하여야 한다.

1. 접지계획에는 접지의 목적, 적용법규 · 규격, 적용범위, 접지방법, 접지종류(계통접지, 기기접지, 피뢰설비접지, 정밀장비접지 및 정전기 등을 포함) 및 접지설비의 유지관리 등을 포함한다.
2. 접지 배치도에는 접지극의 위치, 접지선의 종류와 굵기 등을 표기한다.

제25조(안전설계 제작 및 설치 관련 지침서) 모든 유해 · 위험설비에 대해서는 안전설계 · 제작 및

설치 등에 관한 설계 · 제작 · 설치관련 코드 및 기준을 작성하여야 한다.

제26조(그 밖에 관련된 자료) ① 플레어스택을 포함한 압력방출설비에 대하여는 플레어스택의 용량 산출근거, 플레어스택의 높이 계산근거 및 압력방출설비의 공정상세도면(P&ID) 등의 사항을 작성하여야 한다.

② 환경오염물질의 처리에 관련된 설비에 대하여는 설비내에서 발생되는 환경 오염물질의 수지, 처리방법 및 최종 배출농도 등의 사항을 작성하여야 한다.

제3절 공정위험성 평가서

제27조(공정위험성 평가서의 작성 등) ① 규칙 제130조의2에 따라 작성하 는 공정위험성 평가서에는 다음 각 호의 사항을 포함하여야 한다.

1. 위험성 평가의 목적
2. 공정 위험특성
3. 위험성 평가결과에 따른 잠재위험의 종류 등
4. 위험성 평가결과에 따른 사고빈도 최소화 및 사고시의 피해 최소화 대책 등
5. 기법을 이용한 위험성 평가 보고서
6. 위험성 평가 수행자 등

② 제1항에 따른 공정위험성평가서를 작성할 때에는 공정상에 잠재하고 있는 위험을 그 특성별로 구분하여 작성하여야 하고, 잠재된 공정 위험특성에 대하여 필요한 방호방법과 안전 시스템을 작성하여야 한다.

③ 선정된 위험성평가기법에 의한 평가결과는 잠재위험의 높은 순위별로 작성하여야 한다.

④ 잠재위험 순위는 사고빈도 및 그 결과에 따라 우선순위를 결정하여야 한다.

⑤ 기존설비에 대해서 이미 위험성평가를 실시하여 그 결과에 따른 필요한 조치를 취하고 보고서 제출시점까지 변경된 사항이 없는 경우에는 이미 실시한 공정위험성평가서로 대치할 수 있다.

⑥ 사업주는 공정위험성 평가 외에 화학설비 등의 설치, 개 · 보수, 촉매 등의 교체 등 각종 작업에 관한 위험성평가를 수행하기 위하여 고용노동부 고시 「사업장 위험성평가에 관한 지침」에 따라 작업안전 분석 기법(Job Safety Analysis, JSA) 등을 활용하여 위험성평가 실시 규정을 별도로 마련하여야 한다.

제28조(사고빈도 및 피해 최소화 대책 등) ① 사업주는 단위공장별로 인화성가스 · 액체에 따른 화재 · 폭발 및 독성물질 누출사고에 대하여 각각 1건의 최악의 사고 시나리오와 각각 1건 이상의 대안의 사고 시나리오를 선정하여 정량적 위험성평가(피해예측)를 실시한 후 그 결과를 별지 제19호의2서식의 시나리오 및 피해예측 결과에 작성하고 사업장 배치도 등에 표시하여

야 한다.

② 제1항의 시나리오는 공단 기술지침 중「누출원 모델링에 관한 기술지침」,「사고 피해예측 기법에 관한 기술지침」,「최악의 누출 시나리오 선정지침」,「화학공장의 피해 최소화대책 수립에 관한 기술지침」 등에 따라 작성하여야 한다.

③ 사업주는 제1항의 시나리오별로 사고발생빈도를 최소화하기 위한 대책과 사고 시 피해정도 및 범위 등을 고려한 피해 최소화 대책을 수립하여야 한다.

제29조(공정위험성 평가기법) ① 위험성평가기법은 규칙 제130조의2제2호 각 목에 규정된 기법 중에서 해당 공정의 특성에 맞게 사업장 스스로 선정하되, 다음 각 호의 기준에 따라 선정하여야 한다.

1. 제조공정 중 반응, 분리(증류, 추출 등), 이송시스템 및 전기 · 계장시스템 등의 단위공정
   가. 위험과 운전분석기법
   나. 공정위험분석기법
   다. 이상위험도분석기법
   라. 원인결과분석기법
   마. 결함수분석기법
   바. 사건수분석기법
   사. 공정안전성분석기법
   아. 방호계층분석기법
2. 저장탱크설비, 유틸리티설비 및 제조공정 중 고체 건조 · 분쇄설비 등 간단한 단위공정
   가. 체크리스트기법
   나. 작업자실수분석기법
   다. 사고예상질문분석기법
   라. 위험과 운전분석기법
   마. 상대 위험순위결정기법
   바. 공정위험분석기법
   사. 공정안정성분석기법

② 하나의 공장이 반응공정, 증류 · 분리공정 등과 같이 여러 개의 단위공정으로 구성되어 있을 경우 각 단위 공정특성별로 별도의 위험성 평가기법을 선정할 수 있다.

③ 〈삭 제〉

제30조(위험성 평가 수행자) 위험성 평가를 수행할 때에는 다음 각 호의 전문가가 참여하여야 하며, 위험성 평가에 참여한 전문가 명단을 별지 제21호서식의 위험성 평가 참여 전문가 명단에 기록하여야 한다.

1. 위험성 평가 전문가
2. 설계 전문가
3. 공정운전 전문가

제4절 안전운전 계획

제31조(안전운전 지침서) 규칙 제130조의2제3호 가목의 안전운전 지침서에는 다음 각 호의 사항을 포함하여야 한다.

1. 최초의 시운전
2. 정상운전
3. 비상시 운전
4. 정상적인 운전 정지
5. 비상정지
6. 정비 후 운전 개시
7. 운전범위를 벗어났을 경우 조치 절차
8. 화학물질의 물성과 유해·위험성
9. 위험물질 누출 예방 조치
10. 개인보호구 착용방법
11. 위험물질에 폭로시의 조치요령과 절차
12. 안전설비 계통의 기능·운전방법 및 절차 등

제32조(설비점검·검사 및 보수계획, 유지계획 및 지침서) 규칙 제130조의2제3호 나목의 설비점검 검사 및 보수계획, 유지계획 및 지침서는 공단기술지침 중 「유해·위험설비의 점검·정비·유지관리 지침」을 참조하여 작성하되, 다음 각 호의 사항을 포함하여야 한다.

1. 목적
2. 적용범위
3. 구성 기기의 우선순위 등급
4. 기기의 점검
5. 기기의 결함관리
6. 기기의 정비
7. 기기 및 기자재의 품질관리
8. 외주업체 관리
9. 설비의 유지관리 등

제33조(안전작업허가) 규칙 제130조의2제3호 다목의 안전작업허가는 공단기술지침 중 「안전작업

허가 지침」을 참조하여 작성하되, 다음 각 호의 사항을 포함하여야 한다.

1. 목적
2. 적용범위
3. 안전작업허가의 일반사항
4. 안전작업 준비
5. 화기작업 허가
6. 일반위험작업 허가
7. 밀폐공간 출입작업 허가
8. 정전작업 허가
9. 굴착작업 허가
10. 방사선 사용작업 허가 등

제34조(도급업체 안전관리계획) 규칙 제130조의2제3호 라목의 도급업체 안전관리 계획은 다음 각 호의 사항을 포함하여야 한다.

1. 목적
2. 적용범위
3. 적용대상
4. 사업주의 의무: 다음 각 목의 사항
   가. 법 제29조에 따른 조치 사항
   나. 도급업체 선정에 관한 사항
   다. 도급업체의 안전관리수준 평가
   라. 비상조치계획(최악 및 대안의 사고 시나리오 포함)의 제공 및 훈련
5. 도급업체 사업주의 의무: 다음 각 목의 사항
   가. 법 제29조에 따른 조치 사항의 이행
   나. 작업자에 대한 교육 및 훈련
   다. 작업 표준 작성 및 작업 위험성평가 실시 등
6. 계획서 작성 및 승인 등

제35조(근로자 등 교육계획) 규칙 제130조의2제3호 마목의 근로자 등 교육계획은 다음 각 호의 사항을 포함하여야 한다.

1. 목적
2. 적용범위
3. 교육대상
4. 교육의 종류

5. 교육계획의 수립
6. 교육의 실시
7. 교육의 평가 및 사후관리

제36조(가동전 점검지침) 규칙 제130조의2제3호 바목의 가동전 점검 지침에는 다음 각 호의 사항을 포함하여야 한다.

1. 목적
2. 적용범위
3. 점검팀의 구성
4. 점검시기
5. 점검표의 작성
6. 점검보고서
7. 점검결과의 처리

제37조(변경요소 관리계획) 규칙 제130조의2제3호 사목의 변경요소관리계획은 다음 각 호의 사항을 포함하여야 한다.

1. 목적
2. 적용범위
3. 변경요소 관리의 원칙
4. 정상변경 관리절차
5. 비상변경 관리절차
6. 변경관리위원회의 구성
7. 변경시의 검토항목
8. 변경업무분담
9. 변경에 대한 기술적 근거
10. 변경요구서 서식 등

제38조(자체감사 계획) 규칙 제130조의2제3호 아목의 자체감사 계획은 다음 각 호의 사항을 포함하여야 한다.

1. 목적
2. 적용범위
3. 감사계획
4. 감사팀의 구성
5. 감사 시행

6. 평가 및 시정
7. 문서화 등

제39조(공정사고 조사 계획) 규칙 제130조의2제3호 아목의 사고조사 계획은 다음 각 호의 사항을 포함하여야 한다.

1. 목적
2. 적용범위
3. 공정사고 조사팀의 구성
4. 공정사고 조사 보고서의 작성
5. 공정사고 조사 결과의 처리

제5절 비상조치계획

제40조(비상조치 계획의 작성) 규칙 제130조의2제4호의 비상조치 계획은 다음 각 호의 사항을 포함하여야 한다.

1. 목적
2. 비상사태의 구분
3. 위험성 및 재해의 파악 분석
4. 유해 · 위험물질의 성상 조사
5. 비상조치계획의 수립(최악 및 대안의 사고 시나리오의 피해예측 결과를 구체적으로 반영한 대응계획을 포함한다)
6. 비상조치 계획의 검토
7. 비상대피 계획
8. 비상사태의 발령(중대산업사고의 보고를 포함한다)
9. 비상경보의 사업장 내 · 외부 사고 대응기관 및 피해범위 내 주민 등에 대한 비상경보의 전파
10. 비상사태의 종결
11. 사고조사
12. 비상조치 위원회의 구성
13. 비상통제 조직의 기능 및 책무
14. 장비보유현황 및 비상통제소의 설치
15. 운전정지 절차
16. 비상훈련의 실시 및 조정
17. 주민 홍보계획 등

제4장 보고서 심사기준

제1절 공정안전자료

제41조(공정안전자료 심사기준) 규칙 제130조의2제1호의 공정안전자료는 다음 각 호의 기준에 의하여 심사하여야 한다. 다만, 안전보건조치의 적정성 여부를 판단할 때에는 필요 시 공단기술지침, 한국산업표준, 국제기준(ISO/IEC) 등에서 정하는 안전보건기준을 참고할 수 있다.

1. 보고서에 포함되어야 할 다음 각 목의 필수적 기술자료의 분류 여부
   가. 화학물질에 대한 안전보건자료
   나. 제조공정에 관한 기술자료 · 도면
   다. 공정설비에 관한 기술자료 · 도면
2. 다음 각 목의 기술적 사항을 포함한 화학물질 안전보건자료의 체계적 정리 여부
   가. 사업장내에서 제조 · 취급 · 저장되는 순수화학물질 뿐만 아니라 복합 화학물질을 포함한 원료, 중간제품 및 완제품 등에 대한 안전 · 보건자료
   나. 화학물질의 화재 · 폭발 특성에 관한 정확한 자료와 반응위험성, 독성을 포함한 유해성, 노출기준, 물리 · 화학적 안정성, 다른 물질과 혼합시 위험성, 장치설비에 대한 부식성 및 마모성, 소화방법, 누출시 처리방법
   다. 제조공정 특성에 맞도록 자체적으로 알기 쉽게 정리하고 보완된 화학물질의 안전 · 보건 자료
3. 다음 각 목의 기술적 사항을 포함한 제조공정 기술자료 · 도면의 정리 여부
   가. 다음 사항이 포함된 제조공정의 흐름도의 확보
      (1) 모든 주요 공정의 유체흐름
      (2) 물질 및 열수지
      (3) 공정을 이해할 수 있는 제어계통과 주요 밸브
      (4) 주요장치 및 회전기기의 명칭과 주요 명세
      (5) 모든 원료 및 공급유체와 중간제품의 압력과 온도
      (6) 주요장치 및 회전기기의 유체 입 · 출구 표시
   나. 유해 · 위험물을 포함한 모든 화학물질의 종류와 최대 보유량
   다. 제조공정에 대한 화학반응식 및 조건
   라. 정상운전 범위의 선정, 이상 운전조건과 경보치 설정 및 비상시 운전정지조건
   마. 장치 및 설비의 재질과 내용물과의 물리화학적 영향 검토
   바. 펌프, 압축기의 기능 및 용량 검토
   사. 운전조건을 감안한 설계압력과 온도의 검토
   아. 운전 중에 발생할 수 있는 이상상태(운전조건 범위에서 벗어남)에 대한 조치사항
4. 다음 각 목의 기술적 사항을 포함한 공정설비 기술자료 · 도면의 체계적 정리 여부

가. 각종 장치 및 배관계통의 명세서

나. 다음 내용이 포함된 공정배관계장도의 확보

(1) 모든 동력기계와 장치 및 설비의 기능과 주요명세

(2) 장치의 계측제어 시스템과의 상호관계

(3) 안전밸브의 크기 및 설정압력, 안전보건규칙 제266조에 따른 안전밸브 전 · 후단 차단밸브 설치금지 사항

(4) 연동시스템 및 자동 조업정지 등 운전방법에 대한 기술

(5) 그 밖에 필요한 기술정보

다. 각종 운전정지 절차와 연동 시스템에 대한 자료와 도면

라. 건물 및 설비의 전체 배치도

마. 설비 배치도

바. 건물 및 철구조물의 평면도 및 입면도

사. 철구조물 등의 내화처리 기준

아. 소화설비, 화재 탐지 및 경보설비의 설치 계획 및 배치도

자. 가스누출감지경보기 설치 계획

차. 세척 · 세안시설 및 안전 보호장구 설치 계획

카. 국소배기장치 설치계획

타. 폭발위험장소 구분도 및 방폭설계 기준에 대한 자료

파. 전기단선도

하. 접지계획

5. 장치 및 설비의 설계 · 제작 · 설치에 관련된 기준의 적정 여부(한국산업표준 또는 동등 이상일 것)

6. 안전밸브 및 플레어스택을 포함하는 압력방출설비 및 환경오염을 야기하는 배출물의 설계 기준 및 명세의 적정 여부

7. 최신 설계기준 이전의 설계기준에 따라 설치되어 사용되고 있는 장치 및 설비에 대한 설계기준을 그 장치 및 설비를 사용하는 동안 서류로 비치하여 관리하고 있는지 여부

8. 제3호의 제조공정 기술자료 · 도면 및 제4호의 공정설비 기술자료 · 도면은 공정, 장치 및 설비, 배관, 계측제어 계통 등의 변경시 즉시 보완되고 있는지 여부

제2절 공정위험성 평가서

제42조(공정위험성평가서) ① 공정위험성평가서 심사시에는 유해 · 위험 화학물질을 취급하는 제조공정 및 설비를 대상으로 화재 · 폭발 · 위험물 누출 등과 같은 잠재적 위험을 도출하고 잠재적 위험이 실제 사고로 연결될 가능성에 따라 공정 및 설비의 개선 방안을 강구하고 있는지를 심사하여야 한다.

② 위험성평가기법이 제29조에 따라 적절히 선정되었는지를 심사하여야 한다.

③ 공정위험성 평가의 결과에는 각각의 잠재적 위험에 대한 다음 각 목의 사항이 명확히 기술되었는지를 심사하여야 한다.

가. 잠재위험이 있는 공정 또는 설비

나. 위험이 있다면 사고 발생 가능성에 대한 검토

다. 사고 발생시 피해 예측에 대한 검토

라. 위험 제거 또는 발생확률 감소 방안

마. 사고 발생시 피해 최소화 대책

바. 잠재적 위험제거 방안에 대한 실행일정 계획

제43조(위험성평가 심사기준) 위험성평가 실시 여부는 다음 각 호의 기준에 따라 심사하여야 한다.

1. 여러 분야의 전문가로 구성된 팀에 의해 시행되었는지 여부
2. 평가팀에 최소한 설계전문가·공정운전 전문가가 각 1명 이상 참여하였는지 여부
3. 팀 구성원 중 일인은 팀 책임자로 지정되고 팀 책임자는 평가대상 공정에 대한 전문지식과 경험이 있고, 또한 적용하고자 하는 평가기법을 완벽히 숙지하고 있는지 여부
4. 모든 팀 구성원에게 해당 공정기술, 공정설계, 정상 및 이상 운전절차, 경보시스템, 이상조작절차, 계측제어, 정비절차, 비상시 운전절차 등 관련자료를 평가 이전에 상호 교환하고, 필요시 설명하여 팀 모두가 이해할 수 있도록 함으로써 평가업무가 원활히 시행되었는지 여부
5. 동종의 사업장에서 발생한 공정사고에 대한 유사설비와 위험성평가 여부
6. 팀의 평가과정에서 잠재 위험성을 도출하고 개선 대책을 토론한 내용을 체계적으로 정리하여 문서화하여 관리하고 있는지 여부
7. 팀의 제시한 개선대책을 우선순위를 정하여 적절한 기한까지 사업주의 이행여부와 그 계획의 서류화 여부
8. 이행 계획서에 다음 각 목의 내용이 포함되었는지 여부
   가. 행위가 취해질 구체적 내용
   나. 각 행위별 완료 일정
   다. 각 행위 내용을 사전에 해당 공정관계자, 운전원, 정비원, 행위 결과로 영향을 받는 자에게 알릴 방법과 일정
9. 위험성 평가는 대상 공정의 변경이 있을 때 변경 부분에 대해서 제1호부터 제8호까지의 내용을 동일하게 적용하여 설계단계에서부터 위험성 평가를 실시하고 있는지의 여부
10. 공정위험성 평가가 최대 4년 이내에서 주기적으로 수행되는지 여부
11. 제27조제6항에 따른 작업 위험성평가를 위한 위험성평가 실시 규정(절차서) 등을 마련하

고 있는지 여부

12. 제28조에 따른 최악 및 대안의 사고 시나리오에 대한 피해예측 결과가 다음 각 목의 기준에 따라 심사하였을 때 적합한지 여부
   가. 공정위험성 평가 결과를 반영하는 등 시나리오 선정의 적절성
   나. 복사열, 과압, 확산농도 등 피해예측 결과의 타당성

제3절 안전운전 계획

제44조(안전운전 지침과 절차) 안전운전지침과 절차는 다음 각 호의 기준에 따라 준수되고 있는지를 심사하여야 한다.

1. 안전운전 지침과 절차(이하 "운전 절차"라 한다) 가 공정안전 기술자료, 도면 및 공정 설비 기술자료의 내용과 일치하고 있는지 여부
2. 운전절차는 안전운전을 위하여 명확하고 구체적으로 쉽게 알 수 있도록 서류화하여 관리하고 있는지 여부
3. 모든 운전절차에 운전자의 운전담당 설비 및 운전분야가 명확하게 기술되고 또한 운전자의 운전 위치가 분명하게 기술되어 있는지의 여부
4. 운전절차에는 각 운전공정 및 설비별 운전조건 범위가 명확히 기술되어 있는지 여부
5. 다음 각 목의 사항이 포함된 운전단계별 운전 절차의 기술 여부
   가. 최초의 시운전
   나. 정상 운전
   다. 비상시 운전(비상시 운전정지 절차, 운전정지를 하지 아니하고 운전되어야 할 분야에 대한 운전방법, 제한적인 운전분야 및 절차, 운전장소, 담당자 등이 포함되어야 한다)
   라. 정상적인 운전 정지
   마. 비상 정지 및 정비 후의 운전 개시
6. 운전범위에서 벗어났을 경우의 조치 절차의 기술 여부
   가. 운전범위에서 벗어났을 경우 예상되는 결과
   나. 운전범위에서 벗어났을 경우 정상 운전이 되도록 하기 위한 방법 및 절차 또는 운전범위에서 벗어나지 않도록 하기 위한 사전 조치 방법 및 절차
7. 다음과 같은 안전운전을 위해 유의해야 할 사항의 기술
   가. 운전공정에 취급되는 화학물질의 물성과 유해 · 위험성
   나. 위험물질 누출 예방을 위하여 취해야 할 사항
   다. 위험물 누출시 각종 개인 보호구 착용 방법
   라. 작업자가 위험물에 접촉되거나 흡입하였을 때 취해야 할 행동 요령과 절차
   마. 원료 물질의 순도 등 품질유지와 위험물 저장량 조절 등 관리에 관한 사항
8. 안전설비 계통의 기능과 운전방법 및 절차의 기술 여부

9. 운전절차에 관한 서류는 운전원, 검사원 및 정비원이 항상 쉽게 볼 수 있는 장소에 갖추어 두었는지 여부
10. 운전실에 운전자가 공정을 쉽게 이해할 수 있도록 주요 공정장치, 주요 배관별 유량·온도·압력 등이 포함된 공정 개략도를 보기 쉬운 곳에 갖추어 두었는지 여부
11. 운전절차는 장치, 설비 등의 변경시에 즉시 보완하여 현재의 장치, 설비 등과 일치되게 관리되고 있는지 여부
12. 사업장 안전보건총괄책임자는 매년 현재의 운전절차가 현재의 설비와 일치되게 작성되었고 안전하게 운전할 수 있는 절차임을 검토하여 확인하고 그 결과를 서면으로 기록하여 보관하고 있는지 여부

제45조(위험설비 품질과 안전성 확보) 공단은 위험설비의 물질과 안전성이 확실히 확보되었는지를 다음 각 호의 기준에 따라 심사하여야 한다.

1. 위험설비에 다음 사항을 포함하고 있는지 여부
   가. 압력용기와 저장탱크계통 설비
   나. 배관 계통 설비(밸브와 같은 부속설비 포함)
   다. 압력방출계통 설비
   라. 비상정지계통 설비
   마. 계측제어계통 설비(감지기, 경보기 및 연동장치 포함)
   바. 펌프·압축기 등 회전기기류
   사. 위험물질 처리설비
2. 사업장에서는 위험설비의 안전성을 유지하기 위하여 위험설비 안전관리 규정을 제정하여 시행하고 있는지 여부
3. 사업장에서는 위험설비에서 운전, 작업하는 작업자들에게 제조공정과 잠재 위험성 및 위험설비 안전관리규정에 대해 구체적으로 교육을 실시하고 있으며, 작업자들이 이를 숙지하여 안전한 방법으로 운전·작업할 수 있는지를 확인하고 있는지 여부
4. 제1호의 위험설비는 위험성평가 결과로 얻어지는 기기의 위험정도에 따라 기기별로 우선순위를 정하고 검사, 시험 등 점검의 주기를 달리하고 있는지 여부
5. 사업장에서 위험설비에 대하여 자체점검 절차를 규정화하고 이를 실시하고 있는지 여부
6. 자체점검 절차는 구체적이어야 하며 일반적으로 통용되는 기준에 따르고 있는지 여부
7. 자체점검 실시 주기는 최소한 위험설비 제작회사가 권장하는 주기로 하고 있으며, 사업장이 설비의 안전성을 유지하는데 필요한 경우 주기를 증가할 수 있는지 여부
8. 자체점검 실시 결과는 위험설비별로 서류로 작성하여 관리되고 있으며 다음 각 목의 내용이 포함되었는지 여부
   가. 검사 또는 시험 실시일자

나. 검사자의 소속과 성명
다. 위험설비의 일련번호 및 설비명
라. 검사항목별 검사내용
마. 검사결과 및 판정
바. 검사결과에 따른 조치사항

9. 사업주는 위험설비의 결함이 발견된 때에 사용을 중지하고 결함사항을 제거하고 있는지 여부
10. 위험설비마다 사용가능함을 확인하고 있으며 사용가능 기준을 정하여 관리하고 있는지 여부
11. 신설되는 위험설비에 대하여 위험설비가 설계 및 제작기준에 맞게 제작되고 있는지 여부
12. 위험설비가 설치 · 조립되고 있는 과정에서 설치기준 및 명세와 일치하고 제작자의 설치기준에 따라 안전하게 설치되고 있음을 점검 또는 검사를 통하여 확인하고 있는지 여부
13. 위험설비를 정비하는데 필요한 정비 · 자재 · 예비부품을 확보하여 위험설비의 결함이 발견될 때에는 즉시 정비할 수 있도록 하고 있는지 여부

第46조(안전작업허가 및 절차) 안전작업허가서는 다음 각 호의 기준에 따라서 수행되고 있는지를 심사하여야 한다.

1. 공정지역내에서 또는 공정지역과 가까운 지역에서 용접, 용단 등의 화기작업과 같은 유해 · 위험 요소가 잠재되어 있는 경우에는 안전작업허가서를 발급받은 후에 작업하고 있는지 여부
2. 안전작업 허가기준, 각 부서의 업무와 책임한계, 허가절차 등을 문서화하여 사업장의 자체규정으로 제정하고 있는지 여부
3. 안전작업을 하기 전에 안전작업 관리책임자는 안전작업에 필요한 안전상의 조치를 취하고 있으며, 안전작업 허가책임자는 이를 확인한 후에 안전작업허가서를 발급하고 있는지 여부
4. 안전작업 전에 취하여야 할 안전상의 조치는 사업장 특성에 맞게 작성하여 규정화하고 있는지 여부
5. 안전작업허가서에 허가일시와 안전작업일시가 명확히 기재되고 있는지 여부
6. 안전작업허가서는 해당 작업 완료 후 1년간 보관하도록 하고 있는지 여부
7. 안전작업 시작전에 작업 내용을 해당 지역 및 인접지역의 운전원, 정비원 및 도급업체 등 안전작업으로 인해 영향을 받을 수 있는 작업자에게 알려주고 있는지 여부

第47조(도급업체 안전관리 심사) 사업주가 공정설비의 보수, 설비의 개선 및 가동 정지 후 일체 정비와 같이 공정과 설비의 안전에 관련된 업무를 도급업체로 하여금 수행하도록 할 경우 다

음 각 호의 기준에 따라 안전관리가 수행되고 있는지를 심사하여야 한다.

1. 사업장의 안전보건총괄책임자가 다음 각 목의 안전관리 내용을 도급업체에 대해 시행하고 있는지 여부
   가. 도급업체 선정시 도급업체의 안전업무 수행실적 및 능력에 관한 자료와 안전작업계획의 평가
   나. 도급업체의 작업시행 이전에 작업자들에게 화재, 폭발, 독성물질 누출 위험과 예방에 관한 교육 실시
   다. 도급업체의 작업자들에게 사고 발생시의 비상조치계획 및 도급자가 취해야 할 조치요령에 관한 교육 실시
   라. 도급업체가 수행할 작업에 대하여도 안전운전지침 및 절차를 규정화하고 도급업체 작업자가 이를 준수토록 감독
   마. 도급업체 작업자의 사고나 재해발생에 대한 기록 유지와 이행여부에 대한 정기적인 확인
   바. 법 제29조에 따른 조치사항의 이행 여부
   사. 도급업체의 안전관리수준에 대한 정기적인 평가
2. 도급업체의 사업주가 다음 각 목의 안전관리 내용을 준수하고 있는지 여부
   가. 작업자들이 안전하게 작업을 수행할 수 있도록 교육 및 훈련이 충분히 실시되었는지를 확인할 것
   나. 작업자들이 화재, 폭발, 독성물질 누출 위험과 예방에 관한 사항, 그리고 비상조치 내용을 충분히 숙지하고 있는지를 확인하고 기록하여 보존할 것
   다. 작업자가 이수한 교육 및 훈련일시와 내용 그리고 숙지상태를 기록하여 관리할 것
   라. 작업자가 안전운전지침 및 절차를 준수하고 있는지를 확인할 것
   마. 작업자가 작업 중에 인지된 위험요인이 있을 경우 이를 지체없이 사업장의 안전보건총괄책임자에게 통보할 것

제48조(공정·운전에 대한 교육·훈련) 공정운전자 및 정비작업자가 해당 공정에 대하여 다음 각 호의 기준에 따라 교육을 이수하였는지를 심사하여야 한다.

1. 공정상세도면의 이해를 위한 제조공정, 안전운전 지침 및 절차 등에 관한 교육내용의 포함 여부
2. 사업장 안전보건총괄책임자는 공정운전원이 충분한 교육과 훈련을 통하여 공정운전에 관한 지식과 기술 그리고 충분히 안전하게 운전할 능력을 갖추었음을 확인하고 해당 공정운전 자격을 부여하고 있는지 여부
3. 사업장에서 최소한 3년마다 1회 이상 교육을 실시하고 있으며, 교육 시 마다 해당 공정운전 능력이 충분함을 확인하고 있는지 여부

4. 사업장 안전보건총괄책임자는 공정운전원, 정비원 및 하도급업자에 대한 교육·훈련 실시 내용과 공정운전 자격부여 현황을 기록 보존하고 있는지 여부

제49조(가동전 안전점검) 사업장에서 새로운 설비를 설치하거나 공정 또는 설비의 변경시 시운전 전에 안전점검을 실시하고 있는지를 심사하여야 한다. 시운전 전의 안전점검은 최소한 다음 각 호의 사항이 확인되어야 하며, 점검결과를 기록·보존하여야 한다.

1. 추가 또는 변경된 설비가 설계기준에 맞게 설계되었는지의 확인 여부
2. 추가 또는 변경된 설비가 제작기준대로 제작되었는지와 규정된 검사에 의한 합격판정의 확인 여부
3. 설비의 설치공사가 설치 기준 또는 사양에 따라 설치되었는지의 확인 여부
4. 안전운전절차 및 지침, 정비기준 및 비상시 운전절차가 준비되어 있는지와 그 내용이 적절한지의 확인 여부
5. 신설되는 설비에 대하여 위험성 평가의 시행과 평가 시 제시된 개선사항이 이행되었는지의 확인 여부
6. 변경된 설비의 경우 규정된 변경관리 절차에 따라 변경되었는지의 확인 여부
7. 신설 또는 변경된 공정이나 설비의 운전절차에 대한 운전원의 교육·훈련과 이를 숙지하고 있는지의 확인 여부

제50조(변경요소관리) 사업장이 제조공정에서 취급되는 화학물질의 변경이나 제조공정의 변경, 장치 및 설비의 주요구조 변경 또는 각종 운전·작업 절차의 변경이 있을 경우에 다음 각 호의 기준에 따라 변경관리가 수행되고 있는지를 심사하여야 한다.

1. 변경관리의 대상에 최소한 다음 각 목의 사항이 포함되어 있는지 여부
   가. 신설되는 설비와 기존 설비를 연결할 경우의 기존설비
   나. 기존 설비의 변경은 없어도 운전조건(온도, 압력, 유량 등)을 변경할 경우
   다. 제품생산량 변경은 없으나 새로운 장치를 추가, 교체 또는 변경할 경우
   라. 경보 계통 또는 계측제어 계통을 변경할 경우
   마. 압력방출 계통의 변경을 초래할 수 있는 공정 또는 장치를 변경할 경우
   바. 장치와 연결된 비상용 배관을 추가 또는 변경할 경우
   사. 시운전 절차, 정상조업 정지절차, 비상조업 정지 절차 등을 변경할 경우
   아. 위험성평가·분석결과 공정이나 장치·설비 또는 작업절차를 변경할 경우
   자. 첨가제(촉매, 부식방지제, 안정제, 포말생성방지제 등) 를 추가 또는 변경할 경우
   차. 장치의 변경 시 필연적으로 수반되는 부속설비의 변경이나 가설설비의 설치가 필요할 경우
2. 변경관리 방법에 있어서 먼저 변경 시의 절차를 규정화하여 실행하는 체계를 구축하고 있

는지 여부

3. 변경 절차에 변경 전 다음 사항을 검토하도록 하는 내용이 포함되었는지 여부
   가. 변경계획에 대한 공정 및 설계의 기술적 근거의 타당성 여부
   나. 변경 부분의 전 · 후 공정 및 설비에 대한 영향
   다. 변경 시 안전 · 보건 · 환경에 대한 영향
   라. 변경 시 뒤따르는 운전절차상의 수정 내용의 타당성 여부
   마. 변경 일정의 적합성 여부
   바. 변경 시 관련기관에 필요한 보고 업무 등
4. 사업장에서 변경 이전에 변경할 내용을 운전원, 정비원 및 도급업체 등에게 정확히 알려주고, 변경 설비의 시운전 이전에 이들에게 충분한 훈련을 실시하고 있는지 여부
5. 변경 시 공정안전 기술자료의 변경이 수반될 경우에는 이들 자료의 보완이 즉시 이행되고 있는지 여부
6. 운전절차, 안전작업허가절차 및 도급작업절차 등 안전운전 관련자료의 변경이 수반될 때도 즉시 변경되는지 여부

제51조(자체감사) 사업장에서는 공정안전관리가 규정대로 이행되고 있는지를 평가 · 확인하기 위하여 1년마다 자체감사가 실시되고 있는지를 다음 각 호의 기준에 따라 심사하여야 한다.

1. 자체감사 시에는 사용 중인 안전작업지침 및 절차 등 각종 기준과 절차가 현재의 공정 및 설비에 적합한지 여부
2. 자체감사팀에는 감사 대상 공정에 전문적인 지식을 갖춘 사람 1명 이상이 참여하고 있는지 여부
3. 자체감사에서 제시된 평가 · 분석 결과에 따라 지속적인 조사 · 연구가 필요하거나 정밀검토가 필요한 사항에 대해서는 지속적인 조사 · 연구가 이루어지고 있는지 여부
4. 자체감사에서 도출된 문제점에 대해서는 필요한 조치가 이행되어야 하며 그 내용을 문서로 기록 관리하고 있는지 여부
5. 자체감사 보고서를 3년 이상 보관하고 있는지 여부

제52조 (공정사고조사) 중대산업사고가 발생하거나 중대산업사고를 일으킬 요인을 제공할 수 있는 공정사고가 발생한 경우 사업주가 사고조사를 실시하고 있는지를 다음 각 호의 기준에 따라 심사하여야 한다.

1. 공정사고조사는 사고발생 즉시 실시하여야 하며 늦어도 사고 발생 후 24시간 이내 조사가 시작되었는지 여부
2. 공정사고조사팀에는 사고공정 및 시설에 대한 지식과 경험이 풍부한 사람 1명 이상과 사고조사 및 분석방법에 경험이 있는 전문가로 구성되었는지 여부

3. 공정사고조사 보고서에는 최소한 다음 각 목의 사항이 포함되었는지 여부
   가. 사고발생 일시와 조사일시
   나. 사고발생 개요와 사고발생 원인
   다. 개선해야 할 내용과 재발방지 대책
4. 사고조사 보고서에 사고와 관련이 있는 공정운전 전문가와 개선 및 방지대책 수행 책임부서 전문가가 최종적으로 검토·확정하고 있는지 여부
5. 사고조사 보고서에서 제시된 개선해야 할 사항과 재발방지 대책을 수행하기 위하여 책임부서를 지정하고 있으며, 수행결과를 서류화하여 정확한 수행 여부를 관리하고 있는지 여부
6. 사고조사 보고서를 5년 이상 보관하고 있는지 여부

제4절 비상조치계획

제53조(비상조치계획 심사) 비상조치계획에 대하여는 다음 각 호의 기준에 따라 심사하여야 한다.

1. 비상조치계획에 다음 각 목의 사항이 포함되었는지 여부
   가. 전 근무자의 사전 교육 계획
   나. 비상시 대피절차와 비상대피로의 지정
   다. 대피 전에 주요 공정설비에 대한 안전조치를 취해야 할 대상과 절차
   라. 비상대피 후의 전 직원이 취해야 할 임무와 절차
   마. 피해자에 대한 구조·응급조치 절차
   바. 내·외부와의 통신 체계 및 방법
   사. 비상조치 시의 총괄부서 및 조직
   아. 사고발생 시 및 비상대피 시 보호구 착용 지침
   자. 주민 홍보 계획
   차. 외부기관과의 협력체제
   카. 최악 및 대안의 사고 시나리오의 피해예측 결과를 반영한 구체적인 대응계획
   타. 내부비상조치계획과 외부비상조치계획의 적정한 연계
2. 사업장에서 비상조치가 취해져야 할 경우 전 직원에 긴급경보 조치를 취하고 있으며, 필요시 인근지역 주민에게 비상사태를 알리고 안전한 필요한 조치를 할 수 있는지 여부
3. 사업장에서는 전 직원이 안전하고 질서 있게 비상조치를 실행할 수 있도록 안내하고 지도하는 사람을 지정하고, 안내·지도에 필요한 교육을 시행하고 있는지 여부
4. 사업장의 안전보건 총괄책임자는 다음 각 목의 경우에 있어서 비상조치계획을 검토하고 있는지 여부
   가. 최초 비상조치계획을 수립할 경우

나. 각 비상조치 요원의 비상조치 임무가 변경될 경우
다. 비상조치계획 자체가 변경되었을 경우
5. 비상조치계획은 서류로 알기 쉽게 작성되어 접근이 용이한 곳에 갖추어 두었는지 여부
6. 최악 및 대안의 사고 시나리오의 피해예측 결과를 반영한 대응계획에 가동정지절차 등이 구체적으로 작성되었는지 여부

제5장 이행상태평가

제54조(평가의 종류 및 대상 등) ① 규칙 제130조의7에 따른 이행상태평가의 종류 및 실시시기는 다음 각 호와 같다.
1. 신규평가: 보고서의 심사 및 확인 후 1년이 경과한 날부터 2년 이내. 다만, 제5조제2항의 경우에는 사업주가 변경된 날부터 1년 이내에 실시한다.
2. 정기평가: 신규평가 후 4년마다. 다만, 제3호에 따라 재평가를 실시한 경우에는 재평가일을 기준으로 4년마다 실시한다.
3. 재평가: 제1호 또는 제2호의 평가일부터 1년이 경과한 사업장에서 다음 각 목의 구분에 따른 시기
가. 사업주가 재평가를 요청한 경우: 요청한 날부터 6개월 이내
나. 제58조에 따른 평가결과가 P등급 또는 S등급인 사업장을 지도 · 점검한 결과 다음의 어느 하나에 해당하는 경우: 해당 사유 확인일부터 6개월 이내
1) 유해 · 위험시설에서 위험물질의 제거 · 격리 없이 용접 · 용단 등 화기작업을 수행하는 경우
2) 화학설비 · 물질변경에 따른 변경관리절차를 준수하지 않은 경우
3) 중대산업사고가 발생한 경우

② 이행상태평가는 사업장 단위로 평가함을 원칙으로 한다. 다만, 사업장의 규모가 크고 단위공장별로 공정안전관리체제를 구축 · 운영하고 있는 사업장에서 요청하는 경우 단위공장별로 이행상태를 평가할 수 있다.

③ 보고서를 이미 제출하여 평가를 받은 사업장이 영 제33조의6에 따른 유해 · 위험설비를 추가로 설치 · 이전하거나, 제2조제1항제1호에 따른 주요 구조부분의 변경에 따라 보고서를 추가로 제출하는 경우에는 평가를 면제할 수 있다.

제55조(평가반 구성 등) ① 지방관서의 장은 이행상태평가를 실시할 때에는 중대산업사고예방센터 감독관으로 평가반을 구성하고, 평가책임자를 임명하여야 한다.

② 지방관서의 장은 이행상태평가를 실시함에 있어 전문가의 조언이 필요하다고 인정되는 경우에는 다음 각 호에 해당하는 사람을 평가에 참여시킬 수 있다. 이 경우 평가에 참여하는

전문가는 평가 중 알게 된 비밀을 다른 사람에게 누설하여서는 아니 된다.

1. 제7조제1항 각 호의 어느 하나에 해당하는 공단소속 직원
2. 제7조제2항제1호부터 제3호까지에 해당하는 외부전문가

③ 고용노동부장관은 제2항제2호에 따라 외부전문가를 평가에 참여시킨 때에는 여비와 수당을 지급할 수 있다.

제56조(평가계획의 수립 등) ① 지방관서의 장은 제54조제1항의 평가시기에 따라 평가계획을 수립하고 평가대상 사업장에는 사전에 평가일정을 알려야 한다.

② 이행상태평가는 평가반이 사업장을 방문하여 다음 각 호의 방법으로 실시한다.

1. 사업주 등 관계자 면담
2. 보고서 및 이행관련 문서 확인
3. 현장 확인

제57조(이행상태평가 기준) 보고서 이행상태평가의 세부평가항목 및 배점기준 등은 다음과 같다.

1. 이행상태평가표의 총배점 및 최고환산점수는 각각 1,620점 및 100점이며, 평가항목, 항목별 배점, 환산계수 및 최고 환산점수 등은 별표 3과 같다.
2. 세부평가항목별 평가점수는 별표 4와 같이 우수(A, 10점), 양호(B, 8점), 보통(C, 6점), 미흡(D, 4점), 불량(E, 2점) 등 5단계로 구분하며, 항목별 평가결과에 따라 해당되는 점수와 평가근거를 면담 또는 확인 결과란에 기재한다.
3. 〈삭 제〉
4. 해당사항이 없는 평가항목의 경우에는 "해당 없음"으로 표기하고 그 항목은 점수가 없는 것으로 본다.
5. 환산점수는 항목별로 평가점수에 환산계수를 곱한 점수를 말하며, 환산점수의 총합은 항목별 환산점수를 모두 합한 점수를 말한다.

제58조(평가결과) ① 지방관서의 장은 제57조에 따른 평가기준에 의해 부여한 점수에 따라 사업장 또는 단위공장(단위공장별로 이행상태를 실시한 경우에 한정한다)별로 다음 각 호의 어느 하나에 해당하는 등급을 부여하여야 한다.

1. P등급(우수): 환산점수의 총합이 90점 이상
2. S등급(양호): 환산점수의 총합이 80점 이상 90점 미만
3. M+등급(보통): 환산점수의 총합이 70점 이상 80점 미만
4. M-등급(불량): 환산점수의 총합이 70점 미만

② 지방관서의 장은 제1항의 평가등급, 평가점수 등 평가결과에 대한 소견서를 첨부하여 평가를 마친 날부터 1개월 이내에 사업주에게 알려야 하며 이를 다음 반기부터 적용한다.

제6장 수 수 료

제59조(수수료 등) ① 보고서의 심사를 받고자 하는 자는 법 제66조제1항에 따라 공단이 지정하는 금융기관 등을 통하여 수수료를 납부하여야 한다.

② 제1항에 따른 수수료는 고용노동부장관이 따로 정하는 수수료 규정에 따른다.

제60조(재검토기한) 고용노동부장관은 「행정규제기본법」 및 「훈령·예규 등의 발령 및 관리에 관한 규정」에 따라 이 고시에 대하여 2018년 1월 1일 기준으로 매 3년이 되는 시점(매 3년째의 12월 31일까지를 말한다)마다 그 타당성을 검토하여 개선 등의 조치를 하여야 한다.

부칙 〈제2017-62호, 2017.11.2〉

제1조(시행일) 이 고시는 발령한 날부터 시행한다.

중대산업사고 예방센터 운영규정

(예규 제 131 호)

중대산업사고 예방센터 운영규정

제정 2005. 2. 25 예규 제 509호
개정 2008. 5. 23 예규 제 563호
개정 2009. 3. 2 예규 제 579호
개정 2009. 7. 23 예규 제 588호
개정 2012. 2. 1 예규 제 29호
전면개정 2014. 3. 19 예규 제 70호
개정 2014. 12. 18 예규 제 81호
개정 2017. 11. 2 예규 제 131호

제1조(목적) 이 예규는 지방고용노동관서, 한국산업안전보건공단 및 중대산업사고 예방센터가 화학사고를 효율적으로 예방・대비・대응・복구하기 위한 조직의 구성 및 운영, 업무 등에 관한 사항을 구체적으로 규정하는 것을 목적으로 한다.

제2조(정의) ① 이 예규에서 사용하는 용어의 뜻은 다음과 같다.

1. "공정안전관리(PSM, Process Safety Management)"란 중대산업사고를 야기할 가능성이 있는 공정・설비들을 체계적이고 지속적으로 관리하기 위해 사업주가 잠재된 사고의 위험요인을 사전에 발굴・제거하여 중대산업사고를 체계적으로 예방하는 제도를 말한다.
2. "공정안전관리 사업장"이란 산업안전보건법(이하 "법"이라 한다) 제49조의2에 따른 공정안전보고서를 작성・제출한 사업장을 말한다.
3. "중대산업사고 예방센터(이하 '중방센터'라 한다)"란 법 제49조의2에 따라 중대산업사고를 예방하기 위해 지방고용노동관서(이하 "지방관서"라 한다) 근로감독관과 한국산업안전보건공단(이하 "공단"이라 한다) 직원으로 구성된 조직을 말하며, 「화학재난 합동방재센터의 설치 및 운영에 관한 규정」(고용노동부훈령 제106호, 이하 "방재센터 운영규정"이라 한다)에서는 "산업안전팀"으로 칭한다.

4. 〈삭 제〉

② 그 밖에 이 예규에서 사용하는 용어의 뜻은 이 예규에 특별한 규정이 없으면 법, 「산업안전보건법 시행령」(이하 "영"이라 한다), 「산업안전보건법 시행규칙」(이하 "규칙"이라 한다), 「산업안전보건기준에 관한 규칙」(이하 "안전보건규칙"이라 한다), 방재센터 운영규정에서 정하는 바에 따른다.

제3조(명칭 및 소속 등) ① 중방센터의 명칭 및 소속, 화학재난 합동방재센터(이하 "방재센터"라 한다) 내 명칭, 관할지역은 〈표 1〉과 같다.

〈표 1〉 중방센터의 명칭 및 소속 등

중방센터의 명칭	소 속	방재센터 내 명칭	관할지역
수도권 중대산업사고예방센터	중부지방고용노동청경기지청	시흥합동방재센터 산업안전팀	서울특별시, 인천광역시, 경기도, 강원도
경남권 중대산업사고예방센터	부산지방고용노동청	울산합동방재센터 산업안전팀	부산광역시, 울산광역시, 경상남도
경북권 중대산업사고예방센터	대구지방고용노동청	구미합동방재센터 산업안전팀	대구광역시, 경상북도
전남권 중대산업사고예방센터	광주지방고용노동청	여수합동방재센터 산업안전팀	광주광역시, 전라남도, 제주도
전북권 중대산업사고예방센터	광주지방고용노동청	익산합동방재센터 산업안전팀	전라북도
충청권 중대산업사고예방센터	대전지방고용노동청	서산합동방재센터 산업안전팀	대전광역시, 세종특별자치시, 충청남도, 충청북도

② 중방센터는 관할지역 내 지방관서의 장이 화학사고를 예방하기 위해 요청하는 경우 예방・대비・대응・복구업무를 지원・협조하여야 한다.
③ 각 중방센터 소속 지방관서의 장은 화학사고를 효율적으로 예방하기 위해 상호 협의하여 관할지역 외 사업장에 대한 예방・대비・대응・복구업무를 지원・협조할 수 있다.

제4조(업무수행 기본원칙) ① 화학사고 예방・대비・대응・복구 등의 업무 및 행정・사법 조치 등의 업무는 원칙적으로 관할구역 내 사업장을 관장하는 지방관서의 장이 총괄 관리하고, 중방센터와 공단 지방조직은 기술적인 분야에 대한 업무지원을 수행한다.
② 화학사고를 효율적으로 예방・대비・대응・복구하기 위한 지방관서 산재예방지도과, 중방센터, 공단 지방조직이 수행하여야 할 업무는 〈표 2〉와 같다.
③ 제1항 및 제2항에 따른 업무를 효율적으로 수행하기 위해 지방관서의 장 및 공단 지방조

직의 장은 소속기관에 화학사고 예방 전담팀 또는 전담자를 지정하여야 한다.

〈표 2〉 각 기관별 수행업무

상황 위험군	사고 예방·대비			사고 대응·후속조치		
	지방관서	중방센터	공단 지방조직	지방관서	중방센터	공단 지방조직
고위험군 사업장 (PSM대상)	• 사업장 감독·점검·집중관리(감독관 전담제 등)·공정안전보고서 대상 사업장 발굴 및 조치의뢰	• 공정안전보고서 조치·관리 • 공정안전보고서 심사·확인 • 이행상태 평가·점검 및 미이행 사업장 행정 조치 • 공정안전보고서 이행분위기 확산 업무·사업장 감독·점검 지원(요청시)		• 중대산업사고 발생보고·사고조사·중대산업사고 여부 최종 판단·행·사법처리·안전보건진단/안전보건개선계획수립 명령·지역사고수습지원본부 설치(필요시)	• 사고조사 지원·중대산업사고여부 최종 판단·지역사고수습지원본부 설치 지원(필요시)	• 지역사고수습지원본부 설치 지원(필요시)
중위험군 사업장	• 감독대상으로 우선 선정		• 유해·위험방지계획서 심사·확인 • 기술지도 • 위험성평가	• 사고조사 • 행정·사법조치 • 안전보건진단/안전보건개선계획수립 명령		• 사고조사 지원
저위험군 사업장	• 점검 및 예방·지도		• 민간전문기관 기술지도 • 안전교육 • 홍보자료 배포	• 사고조사 • 행정·사법조치 • 안전보건진단/안전보건개선계획수립 명령		• 사고조사 지원
※ 비고: 위험군의 분류기준은 화학물질의 위험도, 보유설비, 취급량 등을 고려하여 고용노동부장관이 별도로 정한다.						

④ 중방센터는 다음 각 호의 업무 및 방재센터 운영규정 제7조에 따른 산업안전팀의 업무를 수행한다.

1. 화학설비 보유사업장에 대한 기술지원 또는 지방관서의 감독지원

2. 중대산업사고 및 중대한 사고(또는 결함)에 대한 조사 지원(원인조사)
3. 공정안전관리 사업장에 대한 등급 부여 및 등급별 관리
4. 사업장, 유관기관과의 비상대응 연계체제 구축
5. 그 밖에 중방센터 소속 지방관서의 장이 부여하는 화학사고 예방・대비・대응・복구에 필요한 업무

제5조(중방센터의 구성 및 운영) ① 중방센터의 업무를 총괄 관리하기 위해 각 센터별로 센터장을 두고, 센터장 밑에는 근로감독관으로 구성된 감독팀과 공단 직원으로 구성된 기술지원팀을 둔다.

② 중방센터의 장은 소속 지방관서의 5급 공무원 중 지방고용노동청장이 임용하며, 제4조제4항에 따른 업무를 관장하고 다음 각 호의 업무를 수행한다.

1. 방재센터 실무협의회 공동 운영 및 각 팀간 업무 협조
2. 중방센터의 운영 및 팀원에 대한 복무 관리(단, 기술지원팀원의 일일 출장에 대한 결재는 제외)
3. 비상대기체제 유지에 필요한 상황근무자 지정
4. 중방센터 직원의 직무능력 향상을 위한 교육계획 수립・시행
5. 감독팀과 기술지원팀의 유기적인 업무협조
6. 기술지원팀장에 대한 업무성과, 업무능력, 협업정도 등 평가
7. 공정안전보고서 심사・확인, 이행상태평가 및 점검, 등급부여 및 조정 등에 관한 업무
8. 중방센터와 지방관서의 합동 지도・감독 계획 수립
9. 공정안전보고서의 심사・확인・평가・점검 결과, 등급부여 및 조정결과를 지방관서에 통보

③ 감독팀은 다음 각 호의 업무를 수행한다.

1. 공정안전보고서 심사결과 부적정 사업장, 확인결과 부적합 및 조건부 적합 사업장 등에 대한 행정조치
2. 공정안전관리 사업장에 대한 공정안전보고서 이행상태 평가 및 점검
3. 공정안전관리 사업장에 대한 등급 부여 및 등급별 관리
4. 공정안전관리 사업장에 대한 위험상황신고 접수 및 조치
5. 중대산업사고 및 중대한 사고(또는 결함)의 발생신고 접수 및 대응조치
6. 중대산업사고 및 중대한 사고(또는 결함)에 대한 조사 지원(원인 조사), 재발방지대책 의견제시 및 예방점검
7. 중대산업사고 및 중대한 사고(또는 결함)의 발생 사업장을 관할하는 지방관서의 장에게 작업중지명령 등 건의
8. 비상대응 연계체제 구축・유지 및 비상진료계획 마련

9. 사업장, 유관기관 등과 연계한 화학사고 예방 합동훈련
10. 화학사고 예방 및 공정안전보고서 이행 분위기 확산 추진
11. 공정안전관리 사업장별 사고대응매뉴얼 작성 지도 · 관리
12. 중방센터와 지방관서의 합동 지도 · 감독 계획 수립 및 참여
13. 공정안전보고서의 이행상태평가 · 점검 결과, 등급부여 및 조정결과를 사업장 관할 지방관서에 통보
14. 그 밖에 중방센터 소속 지방관서의 장이 부여하는 중대산업사고 예방에 필요한 업무

④ 기술지원팀은 다음 각 호의 업무를 수행한다.

1. 공정안전보고서 접수 · 심사 · 확인
2. 화학설비 보유사업장에 대한 기술지원
3. 공정안전관리 사업장이 보유한 주요 위험설비의 이력관리
4. 사고피해범위 예측 프로그램의 운영
5. 공정안전관리 사업장별 사고대응매뉴얼 작성 지도 · 관리지원
6. 화학설비 보유사업장의 비상대응체제 구축 지원
7. 화학물질 탐지 · 분석장비 및 개인 보호구의 확충
8. 화학사고 발생 시 행동요령 등을 인근 사업장에 홍보 · 교육
9. 야간 화학사고 예방 및 대응기술에 관한 정보 제공
10. 공정안전보고서 이행 분위기 확산을 위한 기술지원 업무
11. 화학사고로 인한 2차 위기상황 대비 방안 마련
12. 중대산업사고 및 중대한 사고(또는 결함)에 대한 원인 조사, 확인, 재발방지대책 수립 지원, 사고사례 전파 등. 이 경우 사고사례 전파 서식은 별지와 같다.
13. 공정안전관리 사업장에 대한 공정안전보고서 이행상태 평가 및 점검 시 기술지원
14. 사업장 관할 지방관서가 실시하는 화학설비 보유사업장에 대한 지도 · 감독 시 기술지원
15. 「산업집적활성화 및 공장설립에 관한 법률」 제14조제3항에 따른 공정안전보고서 심사에 관한 시장 · 군수 · 구청장과의 협의
16. 공정안전보고서의 심사 · 확인결과를 사업장 관할 지방관서에 통보
17. 그 밖에 중방센터 소속 지방관서의 장이 부여하는 중대산업사고 예방에 필요한 업무

제6조(정원 및 전문인력의 배치) ① 각 중방센터에 배치하여야 할 정원은 〈표 3〉와 같다.

〈표 3〉 중대산업사고예방센터 정원

구 분	정 원(명)	
	감독팀	기술지원팀
수도권 중대산업사고예방센터	9	11
경남권 중대산업사고예방센터	8	10
경북권 중대산업사고예방센터	7	6
전남권 중대산업사고예방센터	6	7
전북권 중대산업사고예방센터	5	5
충청권 중대산업사고예방센터	9	9
계	44	48

② 중방센터 소속 지방관서의 장은 공업직(화공 · 전기 · 기계), 시설직, 보건직 등 기술분야의 전문성을 갖춘 기술직 근로감독관을 감독팀에 배치하여야 한다.

③ 공단 이사장은 중대산업사고 관련업무에 관한 전문성을 갖춘 다음 각 호의 어느 하나에 해당하는 전문가를 기술지원팀에 배치하여야 한다.

1. 화학공정 및 장치설계분야
2. 기계 및 구조설계 · 응력해석 · 용접 · 재료 및 부식분야
3. 계측제어 · 컴퓨터제어 및 자동화분야
4. 전기설비 · 방폭설비분야
5. 정성적 위험성평가분야
6. 가스 · 확산모델 등 정량적 위험성평가분야
7. 소방 및 비상조치분야
8. 사고피해범위 예측 프로그램 구축 운영분야

④ 중방센터 소속 지방관서의 장 및 공단 이사장은 제2항 및 제3항에 따른 전문인력이 부족한 경우에는 다음 어느 하나에 해당하는 인력을 제한적으로 배치할 수 있다.

1. 산업안전보건 경력 2년 이상인 사람 중 공정안전관리 관련 전문과정을 이수한 사람(우선 배치한 후에 3개월 이내에 해당 교육과정을 이수할 수 있다)
2. 중방센터에 1년 이상 근무한 경력이 있는 사람

제7조(등급별 관리) ① 지방관서의 장과 중방센터의 장은 규칙 제130조의7 및 관련 고시에 따른 공정안전보고서 이행상태의 평가결과 등급이 부여된 사업장에 대해서는 〈표 4〉의 등급별 관리기준에 따라 공정안전보고서 이행실태를 관리하여야 한다.

〈표 4〉 등급별 관리기준

구분	일반기준	단순위험설비 보유 사업장
P등급	• 등급부여 후 1회/4년 점검	
S등급	• 등급부여 후 1회/2년 점검	
M+등급	• 등급부여 후 1회/2년 점검 및 1회/2년 기술지도(기술지원팀)	• 등급부여 후 1회/2년 점검
M-등급	• 등급부여 후 3회/4년 점검 및 1회/2년 기술지도(기술지원팀)	• 등급부여 후 1회/2년 점검 및 1회/4년 기술지도(기술지원팀)

<비고>

1. 감독대상으로 선정되어 감독(중방센터 감독팀 또는 기술지원팀이 포함되어 공정안전보고서 이행실태를 확인한 경우에 한함)을 실시한 경우에는 해당 연도 공정안전보고서 이행상태 점검을 감독으로 대체
2. S등급 사업장은 민간전문가로부터 자체감사를 받으면 당기 또는 차기 점검 1회 면제(단, 2회 연속 면제는 불가)
3. 이행상태평가결과 등급이 우수한 사업장이 영세사업장에 대한 매칭컨설팅 지원 등 고용노동부의 지침에 따라 지원업무를 수행한 경우 차기 점검 1회 면제(단, 제2호의 자체감사에 따른 중복면제 불가)
4. 기술지도는 사업장(사업주)에서 원하는 경우(서면 신청)에만 실시(가급적 점검 시기의 ±6월 이내에는 금지)하되, 일반기준 M±등급은 4년(평가주기) 이내에 1회는 의무적으로 실시
5. "단순위험설비 보유 사업장"은 위험물질을 원재료 또는 부재료로 사용하지 않고 단순히 저장·취급을 목적으로 설치된 설비(저유소, LNG 및 LPG 저장소, 인화성 액체·가스 및 급성독성물질을 가열, 건조하지 않는 LNG · LPG 가열로·보일러 및 내연력발전소 등)만을 보유한 사업장 및 낮은 농도의 수용액 제조 · 취급 · 저장(중량 40% 미만의 불산, 중량 30% 미만의 염산, 중량 20% 미만의 암모니아수)하는 사업장으로서 중방센터장이 구분한 사업장

② 지방관서의 장과 중방센터의 장은 신규평가 대상 사업장에 대해서는 공정안전보고서 이행상태 평가 전까지는 M+등급에 준하여 관리하여야 한다.

제8조(화학사고 조사 등) ① 지방관서의 장은 관할구역 내 사업장에서 다음 각 호의 어느 하나에 해당하는 화학사고가 발생한 경우 화학사고 조사반을 구성하여 사고원인을 최대한 신속하게 조사하고 추가적인 사고위험을 방지하기 위해 필요한 조치를 하여야 한다.

1. 제9조에 따른 인명피해가 있는 중대산업사고 및 「근로감독관 집무규정(산업안전보건)」 제26조에 따른 조사대상 중대재해
2. 근로자 부상 또는 사회적 물의를 야기하는 등으로 지방관서의 장이 조사가 필요하다고 판단하는 화학사고(중대한 결함 또는 안전보건규칙 별표1에 따른 위험물질에 의한 화재 · 폭발·누출사고에 한한다)

② 중방센터의 장은 제1항에 따른 조사반이 구성될 때에는 중방센터의 감독팀 및 기술지원팀이 조사반에 포함되도록 해당 인력을 지원하여야 한다.

③ 중방센터의 장은 제1항에 따른 원인조사가 완료되면, 사고조사결과보고서 등 관련 서류 일체를 사업장 관할 지방관서의 장에게 지체 없이 제출하여야 한다.

제9조(중대산업사고에 대한 판단 등) ① 지방관서의 장은 관할 사업장에서 발생한 화학사고에 대해서는 〈표 5〉의 판단기준에 따라 사고의 종류를 판단하여야 한다. 다만, 공정안전보고서 대상 사업장의 중대산업사고 및 중대한 결함에 대한 최종판단은 중방센터의 장이 한다.

〈표 5〉 중대산업사고 등 판단기준

사고의 종류	
중대산업사고	• 대상설비, 대상물질, 사고유형, 피해정도 등이 모두 판단기준에 해당된 사고로 공정안전관리 사업장에서 발생한 사고
중대한 결함	• 근로자 또는 인근주민의 피해가 없을 뿐 그 밖의 사고 발생 대상설비, 사고물질, 사고유형이 중대산업사고에 해당하는 사고
그 밖의 화학사고	• 중대산업사고 또는 중대한 결함이 아닌 모든 화학사고

판단기준	
대상설비	• 영 제33조의6에 따른 원유정제처리업 등 7개 업종 사업장: 해당 업종과 관련된 주제품을 생산하는 설비 및 그 설비의 운영과 관련된 설비에서의 사고 • 규정량 적용 사업장: 영 별표 10에 따른 유해·위험물질을 제조·취급·저장하는 설비 및 그 설비의 운영과 관련된 모든 공정설비에서의 사고
대상물질	• 영 제33조의6에 따른 원유정제처리업 등 7개 업종 사업장: 안전보건규칙 별표 1에 따른 위험물질(170여종) • 규정량 적용 사업장: 영 별표 10에 따른 유해·위험물질
사고유형	• 화학물질에 의한 화재, 폭발, 누출사고
피해정도	• 근로자: 1명 이상이 사망하거나 부상한 경우 • 인근지역 주민: 피해가 사업장을 넘어서 인근 지역까지 확산될 가능성이 높은 경우

② 지방관서의 장과 중방센터의 장은 제1항에 따른 사고의 종류별로 〈표 6〉의 기준에 따라 해당되는 조치를 하여야 한다.

〈표 6〉 화학사고 종류별 조치기준

구분	지방관서	중방센터
중대 산업 사고	• 중대산업사고 보고(본부) • 사고의 조사 및 조치(「근로감독관 집무규정(산업안전보건)」 제3장에 의한 재해조사 및 조치기준 준용) • 안전보건진단 또는 안전보건개선계획 수립의 명령 등 재발방지에 필요한 추가적인 조치(중방센터로부터 '확인'을 받은 경우에는 안전보건진단 생략 가능) • 수시감독 대상으로 선정	• 중대산업사고 등에 대한 판정결과 통보(지방관서) • 사고조사 지원 • PSM 등급을 기존 등급대비 1등급 강등하되, 규칙 제2조제1항에 따른 중대재해(근로자가 아닌 자를 포함)가 발생한 경우에는 최하 등급(M-)으로 강등 • 사업주에게 사고발생 1개월 이내에 '확인'을 요청토록 통보하고, 기술지원팀은 사업주의 요청에 따른 '확인' 실시(규칙 제130조의6제1항 단서에 따른 자체감사를 하고 그 결과를 공단에 제출한 경우에는 확인 생략 가능)
중대한 결함	• 사고의 조사 및 조치(「근로감독관 집무규정(산업안전보건)」 제3장에 의한 재해조사 및 조치기준 준용) • 그 밖에 사고의 정도가 크다고 판단되는 사업장은 위 '중대산업사고' 조치기준에 준해서 필요한 조치	• 사업주에게 사고발생 1개월 이내에 '확인'을 요청토록 통보하고, 기술지원팀은 사업주의 요청에 따른 '확인' 실시
그 밖의 화학 사고	• 제8조에 해당하는 사고의 조사 및 조치(「근로감독관 집무규정(산업안전보건)」 제3장에 의한 재해조사 및 조치기준 준용) • 그 밖에 사고의 정도에 따라 필요한 조치	• 사고의 정도에 따라 필요한 조치

제10조(본부의 역할) ① 고용노동부 화학사고예방과장은 다음 각 호의 업무를 수행한다.

1. 중방센터의 운영 총괄
2. 중방센터에 대한 업무 평가 및 환류 총괄
3. 중방센터 합동 워크숍 총괄
4. 중방센터 소속 직원에 대한 인사 및 우대조치에 필요한 사항
5. 중방센터 기술지원팀장에 대한 직무 평가결과를 공단에 통보

② 공단의 기획이사 및 기술이사는 다음 각 호의 업무를 수행한다.

1. 기술지원팀의 정원 대비 현원 유지
2. 기술지원팀에 대한 업무 평가 및 환류

제11조(인사 및 우대조치) 고용노동부 운영지원과장 및 공단 경영기획실장은 중방센터에 배치된 직원에 대해 방재센터 운영규정 제10조에 따른 인사 및 우대조치를 할 수 있도록 적극 노력하여야 한다.

제12조(시설 관리 및 예산 운용) ① 센터의 시설 관리 및 예산 운용에 관한 사항은 방재센터 운영규정 제11조 및 제12조에 따른다. 다만, 방재센터 운영규정 제12조에 의한 예산 외에 특이 소요 등이 발생한 경우에는 공단 이사장은 고용노동부장관과 협의하여 관련 예산을 확보하여

야 한다.

② 제1항의 단서에 따른 예산의 편성·집행 등에 관하여는 공단의 회계 관계 규정에 따른다.

제13조(재검토기한) 고용노동부장관은 「훈령·예규 등의 발령 및 관리에 관한 규정」에 따라 이 예규에 대하여 2018년 1월 1일 기준으로 매 3년이 되는 시점(매 3년째의 12월 31일까지를 말한다)마다 그 타당성을 검토하여 개선 등의 조치를 하여야 한다.

부　칙

제1조(시행일) 이 예규는 발령한 날부터 시행한다.

[별지]

공정안전관리사업장의 유해 · 위험설비에서 발생한 누출 · 화재 · 폭발사고 현황

연번	사업장명	사고일시	사고발생개요	피해상황			위험물 누출상황		비고
				인적 피해(명)		물적 피해 (억원)	누출량 (kg)	규정량 대비 누출량 비율(%)	
				사망	부상				

※ 자세한 사고조사결과보고서 등의 사고관련 자료가 있는 경우 별첨

부록 4

공정안전보고서 심사·확인업무 처리에 관한 규칙

제정 1996. 1.31 규칙 제180호
개정 1996. 7.10 규칙 제194호
1998. 6. 3 규칙 제232호
1999. 5. 6 규칙 제265호
2002. 7.11 규칙 제332호
2003. 2. 7 규칙 제345호
2004. 2.25 규칙 제372호
2005. 2.16 규칙 제396호
2007. 1. 5 규칙 제436호
2008. 7.15 규칙 제486호
2009. 4. 3 규칙 제531호
2011. 9.21 규칙 제607호
2014.11.10 규칙 제718호
2017. 3.21 규칙 제785호
2017.12.28 규칙 제808호

제1장 총칙

제1조(목적) 이 규칙은 「산업안전보건법」 제49조의2·같은 법 시행령 제33조의6부터 제33조의8까지·같은 법 시행규칙 제130조의2부터 제130조의6까지 및 「공정안전보고서의 제출·심사·확인 및 이행상태평가 등에 관한 규정」(고용노동부고시)에 따라 한국산업안전보건공단이 수행하는 공정안전보고서 접수·심사 및 확인 업무에 관하여 필요한 사항을 규정함을 목적으로 한다.〈개정 2014.11.10〉

제2조(정의) 이 규칙에서 사용하는 용어의 뜻은 「산업안전보건법」(이하"법"이라 한다)·「산업안전보건법 시행령」(이하 "영"이라 한다)·「산업안전보건법 시행규칙」(이하 "시행규칙"이라 한다) 및 「공정안전보고서의 제출·심사·확인 및 이행상태평가 등에 관한 규정」(고용노동부고시,

이하 "심사규정"이라 한다) 이 정하는 바에 따른다.〈개정 2014.11.10〉

제3조(다른 법령 등과의 관계) 공정안전보고서(이하 "보고서"라 한다)의 접수·심사 및 확인 업무에 관하여 법·영·시행규칙 및 심사규정에 특별한 규정이 있는 경우를 제외하고는 이 규칙이 정하는 바에 따른다.〈개정2007.1.5.〉

제2장 심사위원 위촉

제4조(심사위원의 자격) ① 심사규정 제7조제1항에 따른 한국산업안전보건공단(이하 "공단"이라 한다) 소속 직원 중 심사위원의 자격은 다음 각 호의 어느 하나에 해당하는 사람으로서 산업안전보건교육원이나 공단본부에서 주관하는 공정안전 관련 전문화 교육을 받은 사람으로 한다.〈개정 2009.4.3〉

1. 3급 이상 직원(3급대우 직원 포함)
2. 심사규정 제7조제1항 각 호의 어느 하나에 해당하는 분야(이하 이 조에서"해당분야"라 한다)에서 「국가기술자격법」에 따른 기술사 자격
을 보유하고 있거나 그 이상의 자격을 갖추었다고 인정되는 사람
3. 「국가기술자격법」에 따른 기사 자격 보유자로서 해당분야 실무경력5년(산업기사 7년) 이상
4. 석사학위 보유자로서 해당분야 실무경력 3년(박사 2년) 이상
5. 학사학위 보유자로서 해당분야 실무경력 5년 이상

② 외부 심사위원은 심사규정 제7조제1항 각 호의 어느 하나에 해당하는 분야를 전공하고 같은 조 제2항 각 호의 어느 하나에 해당하는 자격을 갖춘 사람으로 한다.〈개정 2009.4.3〉

③ 삭제〈2007.1.5〉

제5조(심사위원의 위촉 등) ① 이사장은 제4조에 따른 자격을 갖춘 사람 중에서 본부 각 부서의 장, 지역본부장 또는 지사장의 추천을 받아 심사위원을 위촉하여야 한다. 이 경우 제4조제2항의 외부 심사위원에게는 별지 제1호서식의 위촉장을 수여하여야 한다.〈개정 2014.11.10〉

② 외부 심사위원의 임기는 2년으로 한다. 다만, 연임할 수 있다.

③ 삭제〈2004.2.25〉

④ 이사장은 심사위원의 임기가 끝나기 전이라도 다음 각 호의 어느 하나에 해당하면 심사위원 위촉을 해제할 수 있다.〈개정 2014.11.10〉

1. 심사위원이 보고서 등의 심사 시 알게 된 비밀을 외부에 누설한 경우
2. 심사위원이 보고서 등에 대한 심사를 게을리 한 경우
3. 심사위원이 보고서를 제출한 사업주와 결탁하여 심사를 수행한 경우
4. 그 밖에 심사위원으로서의 품위를 손상시킨 경우

제6조(심사위원의 임무) ① 심사위원의 임무는 다음 각 호와 같다.〈개정2014.11.10〉

1. 해당분야의 심사
2. 별지 제2호서식의 심사결과서 작성

② 심사규정 제7조제1항에 따른 규정에 의한 심사책임자(이하 "책임위원"이라 한다)의 임무는 다음 각 호와 같다.〈개정 2014.11.10〉

1. 시행규칙 제130조의2에 따른 보고서 세부내용과 심사규정 제3장에 따른 보고서 작성 기준 및 그 첨부서류 검토 총괄
2. 심사회의 개최 시 주관
3. 심사회의 결과 서류보완이 필요한 경우 별지 제3호서식의 서류보완사항 기재서 작성 총괄
4. 심사규정 제11조에 따른 심사결과 구분, 별지 제4호서식의 조건부적정내용 기재서 및 별지 제5호서식의 부적정 사유서 작성 등 심사결과 판정의 총괄

제3장 심사

제7조(심사실시기관) ① 보고서의 심사는 중대산업사고예방센터 기술지원부(이하 "심사실시기관"이라 한다)에서 실시한다.〈개정 2014.11.10., 2017.3.21〉

② 심사실시기관은 업무의 효율성이나 민원인의 편의를 위하여 필요하면 지역본부, 다른 지역본부 및 지사, 사업장에 출장하여 심사를 실시할 수 있다.〈개정 2014.11.10〉

제8조(보고서의 접수) ① 보고서는 각 심사실시기관에서 접수한다.〈개정 2014.11.10〉

② 사업주가 보고서의 전부나 일부를 전자문서로 제출하는 경우에는 이를 보고서의 제출로 인정할 수 있다.〈신설 2007.1.5〉

③ 제1항에 따라 보고서를 접수한 심사실시기관은 그 보고서가 소관
사항이 아니면 이를 즉시 소관 심사실시기관으로 보내고 그 사실을 해당 사업주에게 알려야 한다.〈개정 2014.11.10〉

제9조(심사반의 구성) ① 심사실시기관의 장은 보고서 심사를 할 때에는 심사반을 2명 이상으로 구성하고 심사위원 중 1명을 책임위원으로 지정하여야 한다.〈개정 2014.11.10〉

② 심사위원이 다음 각 호의 어느 하나에 해당하는 경우에는 해당 심사에서 제외된다.〈개정 2009.4.3, 2017.3.21〉

1. 심사위원이 해당 사업장에 소속되어 있거나 기술자문을 제공하고 있는 경우
2. 그 밖에 심사실시기관의 장이 공정한 심사가 어렵다고 인정하는 경우

제10조(보고서 심사) 심사위원은 별지 제6호서식의 공정안전보고서 심사결과표의 심사기준에 따

라 심사를 수행하여야 하며, 심사결과에 대한의견을 구체적으로 기술하여야 한다.〈개정 2014.11.10〉

제11조(심사결과 통보) ① 심사실시기관의 장은 보고서 심사가 끝나면 심사규정 제11조, 제12조 제1항 및 제2항에 따라 조치하되, 별지 제6호 서식의 공정안전보고서 심사결과표를 첨부하여 사업주에게 심사결과를 알려야 한다. 이 경우 심사결과 적정, 조건부 적정, 부적정에 대한 구체적인 판단기준은 다음 각 호와 같다.〈신설 2014.11.10〉

1. 적정: 보고서의 심사기준을 충족한 경우
2. 조건부 적정: 보고서의 심사기준을 대부분 충족하고 있으나 부분적인 보완이 필요한 경우
3. 부적정: 다음 각 목의 어느 하나에 해당하는 경우
   가. 심사 결과 조건부 적정 항목이 10개 이상인 경우
   나. 심사규정 제10조에 따른 서류보완을 기간 내에 하지 아니하여 심사가 곤란한 경우
   다. 안전보건규칙 제225조부터 제300조까지, 제311조 또는 422조 중 어느 하나를 준수하지 않은 경우

② 심사실시기관의 장은 보고서 심사과정에서 심사규정 제10조에 따라 공정안전보고서 보완서류가 제출된 경우에는 제출된 서류로 제1항의 심사를 실시하여야 한다.〈신설 2014.11.10〉

③ 심사실시기관의 장은 한국가스안전공사와의 공동심사 결과가 적정
또는 조건부적정 판정인 경우에는 심사규정 제13조제2항에 따라 고압가스 시설을 허가하는 관청의 장에게 알려야 한다.〈개정 2014.11.10〉

④ 심사실시기관의 장은 보고서 심사결과 시행규칙 제130조의4제2항에서 규정한 「위험물안전관리법」에 따른 화재의 예방 · 소방 등과 관련되는 내용으로서 적정 또는 조건부적정 판정을 한 경우에는 심사규정 제13조 제1항에 따라 관할 소방관서의 장에게 알려야 한다.〈개정 2014.11.10〉

⑤ 심사실시기관의 장은 보고서 심사결과 부적정 판정을 한 경우에는제12조제3항에 따라 그 사유를 구체적이고 명확하게 명시하여 해당 사업장을 관할하는 지방노동관서의 장에게 보고하여야 한다.〈개정2014.11.10.〉

제4장 확인

제12조(확인 실시 등) ① 확인대상 사업장을 관할하는 심사실시기관의 장은 법 제49조의2제4항 · 시행규칙 제130조의6 및 심사규정 제16조에 따라 확인을 실시하여야 한다.〈개정 2007.1.5〉

② 제13조에 따라 자체감사결과를 접수한 심사실시기관은 심사규정 제15조제5항에 따라 관련 업무를 처리한다.〈신설 2007.1.5, 2017.3.21〉

제13조(확인요청서 등 접수) ① 확인요청서 또는 시행규칙 제130조의6제1항 각 호 외의 부분 단서에 따른 자체감사결과는 사업장을 관할하는 심사실시기관에서 접수한다.

② 제1항에 따라 확인요청서 또는 자체감사결과를 접수한 심사실시기관의 장은 확인일정을 정하여 사업장에 알려야 한다.〈개정 2009.4.3., 2017.12.28〉 [제목개정 2017.12.28]

제14조 삭제〈2002.7.11〉

제15조(확인 절차 등) ① 심사실시기관의 장은 확인 대상 사업장의 규모 및 특성을 고려하여 확인반 또는 자체감사결과 검토반을 각각 2명 이상으로 구성하여야 한다.〈개정 2007.1.5〉

② 제1항에 따른 확인반 또는 검토반에는 확인대상 사업장의 심사에 참여한 심사위원이 1명 이상 가급적 참여하도록 하여야 한다.〈개정 2014.11.10〉

③ 확인반원은 현장 확인을 실시하기 전에 관련서류를 충분히 검토한 후 현장을 확인하여야 한다.

④ 심사실시기관의 장은 현장 확인결과 또는 자체감사결과의 검토결과를 심사규정 제15조제5항 및 제16조제1항부터 제3항까지 규정에 따라 조치하여야 한다.〈개정 2009.4.3, 2017.3.21〉

⑤ 심사실시기관의 장은 심사규정 제15조제4항제3호의 자체감사결과에 따른 보완 및 시정계획서에 대한 내용을 검토한 후 필요시 현장확인을 실시할 수 있다.〈개정 2007.1.5, 2017.12.28〉

⑥ 공정안전보고서 확인요청자가 민원처리기간을 초과하여 확인요청기간을 별도로 지정한 경우의 확인처리기간은 심사규정 별지 제9호서식의 확인요청서에 기록된 요청기간의 최종일이나 요청일로부터 7일을 합산한 기간으로 한다.〈신설 2009.4.3, 2017.12.28〉

제5장 보칙

제16조(심사 및 확인 대상 사업장 관리) ① 심사실시기관의 장은 별지 제7호 서식의 공정안전보고서 심사 및 확인 현황, 별지 제8호서식의 공정안전보고서 접수·심사 및 확인 실적대장과 별지 제9호서식의 공정안전보고서 제출대상 사업장 추가명단을 작성하고 관리하여야 한다.〈개정 2007.1.5〉

② 심사실시기관의 장은 확인 대상 사업장이 부도나 폐업, 확인 대상 설비의 폐기 등으로 인하여 확인이 불가능한 경우에는 대상 사업장의 사업주로부터 그 사실을 확인할 수 있는 서류를 제출받아 첨부하거나 사업장을 방문한 후 출장복명서를 첨부하여 끝낼 수 있다. 다만, 부도인경우에는 이를 승계한 사업주의 신청을 받아 확인하여야 한다.〈개정2009.4.3〉

제17조(보고사항) ① 삭제〈2007.1.5.〉

② 심사실시기관의 장은 별지 제7호서식의 공정안전보고서 심사 및 확인 현황, 별지 제8호서식의 공정안전보고서 접수·심사 및 확인 실적대장, 별지 제9호 서식의 공정안전보고서 제출대상 사업장 추가명단을 분기가 시작될 때마다 7일 이내에 관할 지방노동관서의 장에게 보고하여야 한다.〈개정 2009.4.3〉

③ 심사실시기관의 장은 심사규정 제17조제2항 각 호의 어느 하나에
해당하는 사업장이 있으면 관할 지방노동관서의 장에게 보고하여야 한다. 〈개정 2009.4.3〉

④ 심사실시기관의 장은 제2항에 따른 보고 내용을 분기가 시작될 때마다 7일 이내에 이사장에게 보고하여야 한다. 다만, 공단ERP에서 전산으로 실적을 입력하는 사업은 전산으로 실적보고를 대체할 수 있다.〈개정 2014.11.10〉

제18조(비밀준수) ① 심사실시기관의 장은 심사규정 제3조에 따라 사업주로 부터 보고서 내용의 비밀보장을 요구 받으면 요구받은 부분의 서류를 별도의 서류함에 관리·보관하여야 한다.〈개정 2009.4.3〉

② 심사실시기관의 장은 제1항에 따라 별도로 서류를 관리·보관하는 경우에는 비밀취급이 인가된 3급 이상 직원을 담당자로 지정하여 관리 하도록 하여야 한다.〈개정 2009.4.3〉

제18조의2(영리행위 금지) 공단 임직원은 이 규칙에 따른 직무와 관련하여 영리행위를 하여서는 아니 된다.〈개정 2009.4.3〉

제19조(수수료의 수납) ① 심사실시기관의 장은 보고서의 심사를 받으려는 사업주에게 심사규정 제59조에 따라 공정안전보고서 심사수수료를 심사 실시기관의 장이 지정하는 거래은행 계좌에 납부하게 할 수 있다.〈개정2009.4.3〉

② 심사실시기관의 장은 매월 말일을 기준으로 공정안전보고서 심사 수수료 수입현황을 별지 제10호서식에 따라 소속기관 회계담당부서의 장에게 알려야 한다. 다만, 공단ERP에서 전산으로 실적을 입력하는 사업은 전산으로 실적보고를 대체할 수 있다.〈개정 2014.11.10〉

③ 심사실시기관의 장은 보고서의 심사를 받으려는 사업주가 납부한 심사 수수료에 과오납이 발생하면 별지 제11호서식의 심사수수료 정산서에 따라 정산한 후 이를 해당 사업주에게 알리고 소속기관 회계담당부서의 장에게 출납을 의뢰하여야 한다.〈개정 2014.11.10〉

제20조(수당 및 여비) 심사실시기관의 장은 심사규정 제7조 및 공단 내규에 따라 예산의 범위 안에서 심사회의 및 확인에 참여한 심사위원에게 수당·여비 그 밖의 필요한 경비를 지급할 수 있다.〈개정 2007.1.5〉

참고문헌

1. 산업안전보건법, 시행령, 시행규칙
2. 산업안전보건에 기준에 관한규칙
3. 공정안전보고서의 제출 · 심사 · 확인 및 이행상태평가 등에 관한 규정
4. 중대산업사고 예방센터 운영규정
5. 공정안전보고서 심사 · 확인업무 처리에 관한 규칙
6. 공정안전보고서 확인 지침 [전문기술 2017-03]
7. 안전작업허가지침 [KOSHA GUIDE P - 94 – 2017]
8. 자체감사점검표 작성에 관한 기술지침 [KOSHA GUIDE P - 105 – 2017]
9. 변경요소관리에 관한 기술지침 [KOSHA GUIDE P-98-2017]
10. 도급업체의 안전관리계획 작성에 관한 기술지침 [KOSHA GUIDE P-95-2016]
11. 자체감사에 관한 기술지침 [KOSHA GUIDE P-99-2012]
11. 안전보건공단 홈페이지 [www.kosha.or.kr/]

저/자/약/력

■ **강양현** (kyh93412@hanmail.net)

서울시립대학교 도시과학 대학원 방재공학 석사
충북대학교 공과대학 안전공학전공 공학박사
(현) 태일소방부설 안전시스템연구소 소장
(현) 대전과학기술대학교 겸임교수
〈기술자격〉
• 전기안전기술사 • 소방기술사 • 가스기술사 • 국제기술사
• PSM • KOSHA 18001인증심사위원 • 소방시설관리사

■ **차유미** (yumicha)

(전) 차스텍이엔씨(주)
(현) KECC ㈜한국방폭인증센터 차장
(PSM, 방폭인증, 위해관리계획서, 장외영향평가)
〈기술자격〉
• 산업안전기사 • 산업위생기사 • 위생사 • 대기환경기사
• 수질환경기사

■ **박정남**

(전) 차스텍이엔씨(주)
(현) SNE Tech 대표이사
(PSM, 방폭인증, 위해관리계획서, 장외영향평가)

■ **하대일**

화공안전공학석사
(전) 차스텍이엔씨(주)
(현) 현대하이라이프손해사정(주) 위험관리연구소 과장
(PSM, 방폭인증, 위해관리계획서, 장외영향평가)
〈기술자격〉
• 산업안전기사 • 산업위생산업기사 • 환경기능사 • OHSAS 18001 심사원

▌공정안전보고서(PSM) 자체감사실무▐

1판 1쇄 발행 2018년 6월 29일

공 저 자 | 강양현 · 차유미 · 박정남 · 하대일
발 행 인 | 서철종
발 행 처 | 도서출판 지우북스
주 소 | 경기도 고양시 일산서구 강성로 147 동문시티프라자 814호
전 화 | 031-915-6670(代)
팩 스 | 031-915-6671
이 메 일 | jwbooks@nate.com
출판등록 | 2017년 2월 16일 제 410-2017-000032 호

ISBN 979-11-88673-19-3

정가 18,000원